「環境の科学」が一冊でまるごとわかる

齋藤勝裕 著

Katsuhiro Saito

Reduce

Reuse

Recycle

ベレ出版

● はじめに ●

　本書は環境と環境問題に対する科学的知見をご紹介しようという
ものです。環境は誰でもわかるもののようでありながら、実は漠然
とした概念です。環境を解析・理解し、環境問題を解決するにもい
ろいろのアプローチの仕方があります。

　環境問題の経緯を知るには歴史的な視点が必要でしょうし、環境
問題を解決するためには政治・経済的な視点と手法が必要でしょう。
2015年9月に国連サミットで採択されたSDGs、持続可能な開発
の概念もそのようなものです。

　しかし、環境問題を考え、解決するためにはまず、環境とはどの
ようなものであり、どのような問題を抱えているのかを冷静に調査・
解析し、理解しておく必要があります。それがないといたずらに悲
観的になったり、場当たり的な解決法に飛びつくことになりかねま
せん。

　環境はいうまでもなく、私たちが生活・活動し、生産するところ
です。それは大きくいえば宇宙や地球であり、少し縮めれば社会や
街になり、うんと狭めれば家庭の室内になります。つまり、環境と
いうのは考える対象によって広くも狭くもなるのです。

　地球環境といった場合にはどうなるでしょうか？ 地球の最も高
いところはエベレストの山頂で、高さはおよそ10kmです。最も低
いところはマリアナ海溝で、深さはおよそ10kmです。すなわち、
地球上で人類が動ける範囲、つまり地球環境はこの「上下20kmほ
どの空間」なのです。

地球は直径1万3000kmの球です。ノートにコンパスで直径13cmの円を描いてみましょう。この円を地球とすると、先に見た地球環境は幅0.2mmの線となります。つまり鉛筆の線の幅ほども無いのです。人類はこの鉛筆の線の範囲で地球にへばりついて生きているのです。この空間を汚してしまったら、他に行くところはありません。

　環境はしかし、そのような空間だけをいうのではありません。私たちは1人で宇宙空間に立っているわけではありません。私たちは大地に立ち、大気に包まれ、太陽の光を受けて立っています。そして家に住み、衣服を着て、食物を摂って生活しています。すなわち私たちは多くの物質に囲まれ、その恵みを受けて生きているのです。このような、空間に存在するすべての物質、生命体を含めて環境というのです。

　物質や生命体をつくるのは化学物質です。そうだとすれば、環境を構成し、環境に大きな影響を与えるのが化学物質であることはいうまでもないことになります。つまり環境を理解し、環境に働きかけるのは化学という研究・学問の力となります。

　環境は私たちの生存にとって最も大切なものです。人類はこの環境の中で誕生し、進化し、今日の文明を築いてきました。その間、何百万年にも渡って環境は受け継がれ、私たちの代に至っています。私たちは祖先から受け継いだこの環境を次世代の人たちに受け渡していかなければなりません。

　ところが最近、この環境に変化が起こっています。地球環境は地

球の温暖化、酸性雨、砂漠化、オゾン層破壊など、人類がこれまで経験したことのない重要問題と向き合っています。環境を護り、浄化していくために私たちは何をすればよいのでしょうか？

　このような問題を共に考えようというのが、本書の目標です。地球とは、水圏とは、気圏とはどのようなものなのか？ そこにある物質はどのような性質を持つものか？ さらには人類の生産活動によって新たに加えられた物質はどのような性質なのか？ 本書はそのような質問にも答えます。

　本書を読み終えたとき、きっと皆さんは環境問題について考えるための総合的な知識を身につけておられることでしょう。

　最後に、参考にさせて頂いた著書の著者の皆さまと出版社、並びに本書の刊行に際して多大なご尽力を下さったベレ出版の坂東一郎氏と編集工房シラクサの畑中隆氏に感謝申し上げます。

齋藤 勝裕

CONTENTS

第4章 地球の大気の成り立ちと汚染

第5章 母なる大地の環境は —— 構造と資源と汚染

第9章 身体の環境 —— 健康をどう守るか

第10章 原子力は環境と折り合いをつけられるか

第1章

環境問題はいつから、
どのように始まったのか

その範囲はどこから どこまでか？

—— 環境とは何か？

● 生きている階層ごとに「環境」がある

「環境問題について一言」と問われたとき、どなたも一言や二言はお持ちでしょう。しかし、あらたまって、「環境とは何か？」と問われたら、少し困るかもしれません。

<u>「環境」とは、私たちを取り巻く「空間とその空間に存在する物質」のこと</u>をいいます。あなたの身体を取り巻いているのは衣服です。その外側には部屋（室内）があり、その外側には家屋があります。その外側には街があり、さらに外側には田園があります。

そしてその外側は「日本」という社会になり、さらに広げるとアジアを経て「地球」になります。それ以上広げると、太陽系になり、銀河系になって、最後は宇宙になってしまうことでしょう。「環境とは何か？」と考え始めるとキリがありません。

実は、これらの<u>階層1つひとつが、それぞれの環境になる</u>のです。したがって、ただ「環境」といった場合には、どの階層の環境を指しているのかが問題になります。

「地球温暖化」といった場合の環境は地球規模になりますが、「喫煙問題」といった場合には、範囲は室内や屋内に狭まります。しかし、

環境の影響を受ける人にとっては、同じように大きな問題になっているのです。「環境問題」がむずかしい理由の1つは、このようなところにもあるといえるでしょう。

● いちばん広い「宇宙」という環境

　環境の範囲を最も広げた場合の環境、つまり「宇宙」とはどのような環境でしょうか？ もしかすると、「宇宙は果てしなく遠い昔から常に変わらず、存在し続けているものである」と考えているのではないでしょうか？

　金魚鉢で生まれ育った金魚は、「金魚鉢」を宇宙の全体と考えているかもしれません。しかし、飛行機を持ち、潜水艦を持ち、何よりも望遠鏡を持つ私たちは、もう少し広い宇宙観を持っています。

金魚にとっては「金魚鉢」が環境のすべて

　少し、宇宙の話をしてみましょうか。宇宙ができたのは、わずか138億年前のことです。138億年前というのは「はるか昔」のよう

に聞こえるかもしれませんが、この小さな地球ができたのが46億年前ですから、138億年前など大した昔でもないように思えます。

　今から138億年前に「ビッグバン」という、とんでもない大爆発が起こり、その時に飛び散った水素原子が宇宙になったといいます。水素原子は今も飛び散り続けていますから、「宇宙はこの本を読んでいる瞬間にも、広がりつつある」ことになります。

　水素原子は最初は霧のように漂っていましたが、やがて集まって雲のようになり、高温・高圧になって核融合反応が起こり、燃え盛る太陽のような恒星が誕生しました。

　そんな恒星もやがては燃え尽きます。すると膨張力が重力に負け、恒星は収縮を始めます。その収縮の割合は地球が直径数kmのボールになるほど激しいものです。ここまでくると、エネルギーバランスを崩して爆発する恒星も出てきます。

　実は、私たちの太陽もいつかは辿る運命なのです。その時までに人類はどこか他の天体に移り住むことができていることを祈るばかりです。

　さて、恒星が爆発すると、宇宙にはその残渣が漂うことになります。この残渣が集まって固まると重力が発生し、よりたくさんの残渣を隕石として寄せ付けることになります。このようにしてできたのが原始地球と考えられています。誕生したばかりの原始地球は隕石の衝突エネルギーによって高温となり、全体が溶岩の塊であったと考えられています。

　現在の地球は、地殻は冷たいですがその内部はいまだ高温であり、中心部は約6000℃で太陽表面と同じ程度になっています。しかし、

この熱は決して誕生時の熱が残っているものではありません。誕生時の熱はとうの昔に宇宙空間に放出されています。

　では、その熱はどこから生まれてきたのか？　現在の地球の内部は、地球に含まれる放射性元素が原子核崩壊を起こし、その熱が溜まって熱くなっているのです。ですから、太陽にしても、地球内部にしても、私たちは原子核反応を避けて通ることはできない運命になっているのです。

● 工業が生活を豊かにし、有害物質も生んだ

　原始地球の大気は水蒸気と二酸化炭素 CO_2 からできていましたが、二酸化炭素はやがて海に溶け、石灰岩となってその量を減らしました。やがて藻類のような生物が発生し、それが光合成を行なったおかげで酸素が発生しました。

　それにつれて酸素呼吸をする生物が発生し、魚類となり、恐竜となり、鳥類となって哺乳類となり、人類が誕生しました。人類は集団生活を行ない、やがて国家をつくりました。国家はいろいろな機能を備え、お互いに統制、牽制しあい、ときに戦争を行ない、そして和平を結びました。

　農業、漁業はいろいろの産物を国民に届け、工業は天然の自然からは得られない便利な製品をつくり出してくれました。

　しかし、それと同時に副産物として有害な物をも生産し、公害を発生させました。1960年代の日本の大気は、現代の中国、インドの大気と同じようなものだったといえるのです。

第１章　環境問題はいつから、どのように始まったのか

15

● タバコ、シックハウス……狭い範囲での環境破壊も

　1976年に米国ペンシルベニア州で在郷軍人会の大会が開かれた際、参加者と周辺住民221人が原因不明の肺炎にかかり、34人が死亡しました。原因は新種のグラム陰性桿菌<ruby>桿菌<rt>かんきん</rt></ruby>、レジオネラ菌でした。この集団感染事例は、在郷軍人会の大会会場近くの建物の冷却塔から飛散したエアロゾルに起因していたとされています。

　これなどは社会ともいえない、ほんの狭い領域で起こった環境問題といえるでしょう。

　室内でタバコを吸えば室内の空気が汚れます。最近は落ち着いてきましたが、一時はシックハウス症候群が社会問題になりました。新築の家に住んだ人が頭痛や倦怠感に襲われるというものでした。原因は建材に使われたプラスチック材や接着剤からしみ出したホルムアルデヒドなどの揮発性有機化合物VOC（Volatile Organic Compounds）が室内に立ち込めたことによるものでした。

　これらは室内、あるいは屋内環境で起こった問題です。

● 地球で生きられる範囲は意外なほど狭い！

　環境はどのような視点でとらえるかによって、広く考えることも狭く考えることもできます。しかし、環境は意外に狭いものだということを実感させる事実もあります。

　それは地球の環境です。地球の直径は1万3000kmです。このうち、人類が行くことのできる範囲を「環境」と考えると、上空はエベレストの約10km、海底はマリアナ海溝の約10km、併せて上下20kmです。これが地球の環境なのです。

コンパスで描いた直径13cmの円を地球としてみます。鉛筆の線の幅はどれくらいあるでしょうか？ 1万3000kmを13cmに縮尺すると、人が行くことのできる20kmはたったの0.2mmになります。つまり、地球環境は鉛筆の線の幅ほども無いのです。

　ここに有害物質を加えたらどうなるでしょうか？ 取り返しのつかないことになります。環境問題、公害問題の基本はここにあるのです。環境は宇宙も、地球も、社会も、室内も、みんな何がしかの問題を抱えているのです。

　その環境をできるだけ汚さず、資源を使い切ることをせず、いつまでも大切に使い続けるためにはどうすればよいのか？ それを考えるのが環境問題なのです。

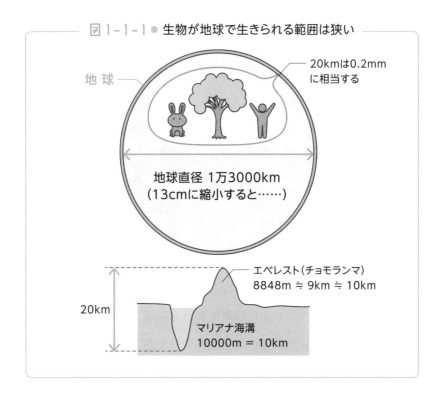

図1-1-1 ● 生物が地球で生きられる範囲は狭い

地球

20kmは0.2mmに相当する

地球直径 1万3000km
（13cmに縮小すると……）

エベレスト（チョモランマ）
8848m ≒ 9km ≒ 10km

20km

マリアナ海溝
10000m ＝ 10km

環境が滅びる時、
文明も滅びる

── 文明と環境

　人類誕生以来、いくつもの文明が発生し、消えていきました。私たちの現代文明も、いつ、そのような運命を辿ることにならないとも限りません。いや、ほぼ確実に辿るのではないでしょうか？

　文明が滅びるというと、「近隣の国との戦争に敗れた結果」と思うかもしれませんが、国家が滅びることと、文明が滅びることは違います。**文明が滅びる時には環境も滅びている**ことが多いのです。ここではそのような文明の例を見てみましょう。

　シュメール文明は、メソポタミア南部のチグリス・ユーフラテス河流域に栄えた文明で、世界最古の文明の1つとされます。

　紀元前4300 〜 3500年頃には治水のために灌漑農業（かんがい）が成立していました。しかし紀元前2800 〜 2700年頃に気候の乾燥化が起こり、灌漑のための大規模な土木工事が必要となりました。そのために「国家」が生まれたと考えられています。そして、紀元前2700年頃には、メソポタミア南部のウルに大規模な都市が成立しました。

　気候が乾燥化する中で灌漑農業を続けた結果、灌漑用水に含まれる塩類が次第に土壌に蓄積しました。それに耐えるため、作物を塩類に弱い小麦から大麦に変え、紀元前2400年頃には現在のアメリ

カやカナダの収穫量に匹敵する、1ヘクタール当たりの平均で約2トンの大麦の収穫があったとされます。

しかし、その後、塩類の集積が進み、また、上流は都市化に伴う森林の伐採もあって土壌の侵食が進み、河川に流入した土が下流に堆積して、灌漑用水路の閉塞を起こしました。そのうえ、沈泥には塩類が含まれ、これがまた塩害を加速したのです。

こうしたことから紀元前2100年前後には、大麦の収穫量は最盛期の40パーセント程度まで落ち、紀元前2000年頃には、シュメール帝国は崩壊、やがて文明の中心は、北方のバビロニアに移っていきました。

主食の大麦が都市に生きる人々の生存を支えていましたが、塩害による生産の減退で都市の人々支えることができなくなったことがシュメール文明の衰退の一因と考えられています。

インド西部に興ったインダス文明は、紀元前2500年頃、モヘンジョダロを中心にインダス河流域に成立した都市文明です。文明を支えたのは氾濫灌漑農業で、インダス河の氾濫に応じて弱い土手をつくり、水が引いたときに養分に富んだ沈泥が溜まるようにして、農業を営んだとされます。

しかし紀元前1800年頃から衰退期に入り、紀元前1500年頃には滅亡してしまいます。滅亡の原因については、アーリア人の侵入、大洪水、河道遷移などいろいろの説がありますが、「気候変動」とする説もあります。インダス文明を気候変動の観点から見てみましょう。

まず紀元前3000年以降、気候が寒冷化して西ヒマラヤ一帯の積雪量が増加しました。これとともにインダス河の中流・下流域は乾

燥化し、人々は水を求めてインダス河畔に集まってきました。

　ヒマラヤから流れ出る河川は積雪量の増大により、春先の流水量を増加させて氾濫し、灌漑農業の発展を可能にし、そのおかげで都市文明が形成されたのです。

　ところが紀元前1800年頃の文明の衰退期にはユーラシア大陸は再び温暖期に入ったと考えられます。その結果、積雪量が減り、春先の流水量が減少し、それに依存した農耕社会に打撃を与え、それがインダス文明衰退の一因をなしたと考えられるのです。

　これはまったく天候の推移に基づくものであり、誰の責任といえるようなものではないようです。

　ヒッタイト文明は紀元前15世紀頃に中央アジアで起こった文明で、**鉄器**をつくったことで知られます。それまでの人類は、金属といえば銅とスズの合金である青銅を用いていました。しかし青銅と鉄では硬さが違います、青銅の剣は相手を斬るのではなく、殴り倒すのに使われたといわれます。それに対し、鉄の剣は鋭い刃で相手を撫で切ったのです。

　武器として有利な鉄ですが、つくるのは大変です。錆びやすい鉄は自然界で金属鉄として産出することはありません。錆びである酸化鉄として産出します。この酸化鉄から酸素を除いて「鉄」だけに戻すには、炭素によって還元する以外ありません。その炭素として木炭を用いたのです。

　このため、製鉄には膨大な量の木材が必要になります。**ヒッタイトは国中の森林を斬り倒し、その結果、森林は回復不能な被害を受け、砂漠化**して穀物生産力を失い、その結果、滅びたというのです。

ヤマタノオロチ伝説

　鉄にまつわる話は、ヒッタイトに限らず、日本にもあります。ヤマタノオロチ伝説です。昔、島根県の奥山には真っ赤に輝く眼をもち、八つの谷間に頭と尾を広げるヤマタノオロチという大蛇がいました。これをアマテラスオオミカミ（天照大神）の弟スサノオノミコト（素戔嗚命）が退治して人々を救ったというのです。

　当時、島根県は良質の砂鉄を産出したことから製鉄業が盛んでした。そのために木炭用に森林を伐採します。たび重なる伐採で山は木を失い、保水力を失うため、雨が降るたびに洪水を起こします。これをヤマタノオロチに例えたのです。真っ赤な眼は溶鉱炉の火です。

　そして、オロチの尻尾を切り落としたところ、「草薙の剣」が出てきたとされています。この「剣」の名前の由来は、後になって「ヤマトタケルノミコトが敵に囲まれて草むらに火を放たれた時、この剣で草を薙ぎ払って脱出した」というエピソードから付けられました。つまり、この剣は草を切ることができるほど鋭利であり、それは鉄剣でなければ無理であるということで、ヤマタノオロチ伝説と製鉄の関係はますます確固としたものになった、というわけです。

1-3

 公害の犠牲の上に
法律改正が行なわれた

—— 産業革命が環境破壊の最初の一歩

　前節で見たように環境問題は古代文明の頃から発生していた問題です。しかし当時の人々に環境意識は無かったのかもしれません。環境が汚染されると大問題になる、ということに人々が気づき出したのは産業革命の頃といわれています。

● エネルギー革命が起きる

　人間は道具を使う動物であり、その歴史の最初の頃から石器、土器などの道具を使ってきました。しかし、人力や動物、あるいは風力、水力などの自然力以外の動力を利用した機械を使うようになったのは産業革命になってからといわれています。

　人類は機械を知らないときから、自然資源を利用していましたが、それを爆発的に拡大させたのは、18世紀半ばから19世紀にかけて起こった産業革命でした。産業革命時代には、人は蒸気機関を使ってエネルギーを利用する技術を発明し、今まで以上の力を必要なときにいつでも発揮できる術を得ました。

　蒸気機関が開発され、機械が活躍する場面が増えると、今度はこれら機械を動かすために、石炭や石油が必要となりました。そして、そこから得られるエネルギーは、人が快適な生活を送るために必要

な衣食住に関するさまざまな製品を次々とつくり出し、都市の繁栄につながっていきました。

　産業革命後、便利で快適な生活が可能になりましたが、人々の欲望は膨れるままで、機械の製造と利用は拡大を続けました。その結果、やがて、人間活動と自然との調和が乱れ始めたのです。それが環境問題へと発展していきました。

● ロンドンスモッグの発生

　19世紀に入り機械が一般化されると、工場から排出される汚染物質が公害問題を起こすようになりました。大気汚染物質は少量であれば、大気が持つ浄化力によって分解され、人々の生活に悪影響を及ぼすことはありません。しかし、あまりにも量が多くなると、大気の浄化力が追い付かず、人々の健康に悪影響を及ぼします。

　代表的な例は、イギリス、ロンドンの**スモッグ**でした。これは煙のsmokeと霧のfogからつくられた言葉です。ロンドンは冬に濃い霧が出ることで有名ですが、その時期に石炭を炊くと石炭から出る煙や煤が霧に混ざり、呼吸器疾患など多くの被害が出ました。

　そのスモッグは人々の家にまで侵入し、目の痛みや喉の痛みを訴える人が後を絶たず、多くの死

1952年、ネルソン記念碑も霞むロンドンスモッグ

者を出しました。

● 環境対応の第1号は「大気浄化法」

　意外にもスモッグの被害が最大規模に達したのは18世紀や19世紀ではなく、20世紀中葉になった1952年12月5日のことでした。現代の調査によれば、この大気汚染による死者は1万2000人にのぼるといいます。

　この日はイギリス特有の霧の濃い悪天候だったので、とくに天候に注意を払った地元民はほとんどいなかったといいます。ところが空が次第に黄色がかり、腐った卵のような臭いが漂い始めたのが同日の午後でした。翌日も視界の悪さに加えて、ゴミのような悪臭が漂い、その状態は5日間も続きました。息もしがたく、同年12月9日には15万人もの人々が入院することになったといいます。

　この経験が、1956年と1968年の「大気浄化法」の制定につながったのです。これにより、工場ばい煙排出の禁止、煤を出す低品質な燃料の規制などが定められました。

　他にも汚染物質による水質汚染、土壌汚染なども発生し、公害問題による被害が深刻なものへとなっていったのです。

明治時代から
人々を苦しめてきた公害

―― 日本の公害

　1960年代から1970年代にかけて、日本の環境は現在では考えられないほど汚れていました。そのような中で起こったのが「公害問題」でした。ロンドンでのスモッグ被害よりさらに多い被害者が出ました。その代表的なものを見ておきましょう。

● 足尾銅山鉱毒事件

　日本の公害の歴史の第1ページに載るものとして有名なのが、栃木県にある足尾銅山で起こった公害です。足尾銅山では江戸時代初期から銅を産出してきましたが、地元の谷中村で公害が意識されたのは1880年代に入ってからといいます。これは明治時代の殖産興業政策に乗って技術開発が進み、足尾銅山が日本最大の銅産地に成長した時期のことです。

　鉱石から銅を除いた後の**廃棄物が洪水によって渡良瀬川に流出し、そのため魚が激減**し、さらに農業にも大きな被害が出ました。また、精錬所からの煙には亜硫酸ガスが混じり、近隣の山の樹木を枯らします。裸になった山は洪水を起こし、鉱滓を流し出すという悪循環を繰り返しました。

　住民は地元代議士、田中正造を中心として政府に鉱毒反対の請願

をしました。しかし殖産興業を至上目的とする明治政府にとり上げられることはなく、結局、被害は1970年代の銅山廃止まで続いたのでした。

　被害の中心地であった谷中村は廃村となり、現在は渡良瀬遊水地となり、関東地方の水源の1つとして生まれ変わっています。

● 水俣病と新潟水俣病

　1956年頃、熊本県水俣市付近で発見された病気が水俣病です。1953年頃からとくに漁師の家庭に特異な神経症状を呈する患者が現れ、時には死亡する者まで出てきました。

　水俣病の症状としては、手足がしびれ、平衡感覚に異常をきたして歩行困難になり、重症の場合には痙攣、精神錯乱を起こして死に至るというものです。

　大学医学部などが調査した結果、有機物と水銀が化合したメチル水銀に基づく中毒症状であることが明らかとなりました。メチル水銀は近くの肥料工場から排水に混じって水俣湾に排出された水銀がプランクトンなどによってメチル水銀となり、それが食物連鎖を通して魚介類に蓄積したものでした。そのため、とくに魚介類を食べる機会の多い漁師に被害が集中したのです。

　被害者数は不明ですが、政府解決策の対象者として公式に認定されただけで10353人に達する大規模な公害でした。

　その後、新潟県の阿賀野川流域でも水俣病と同じような中毒が発見され、こちらは新潟水俣病、あるいは第二水俣病と呼ばれるようになりました。原因は阿賀野川上流の化学工場が排出した水銀によるものであることが明らかとなりました。

● イタイイタイ病

　イタイイタイ病は富山県の神通川流域に見られた奇妙な症状に付けられた名前です。患者は骨がやせ細って折れやすくなり、ついには、咳をするなどのわずかの外力によっても骨折し、日夜、イタイイタイと激痛を訴えることから付いた名前といいます。

　原因は神通川上流にある神岡鉱山で排出した亜鉛の精錬に伴う排水でした。そこにカドミウムが混じることで水質と土壌が汚染され、飲料水や農作物を通して近隣住民の体内に入ったものだったのです。

　カドミウムのような重金属は体内に蓄積し、その総量が発症量に達した時点で発症します。したがって、重金属は一回に摂取する量が少ないからといって安心してはおられません。継続して摂取すればきわめて危険となるのです。

　イタイイタイ病を通して明らかになったのが**土壌汚染**という概念

日本ではさまざまな公害が発生した

でした。カドミウムは神通川の河川水を汚染するだけではなかったのです。汚染水は川床から染み出し、土壌中に広がっていき、作物に吸収され、農作物がカドミウムで汚染されたのでした。

● 四日市喘息（ぜんそく）

四日市喘息は三重県四日市市において 1960 〜 1972 年にかけて多発した喘息を表わす言葉です。

当時、四日市は東海工業地帯の一環として四日市コンビナートの名前の下で各種の工場を誘致し、多くの大規模工場で活発な生産活動が行なわれている最中でした。

喘息の患者はとくに幼児と 50 代以上の高齢者に多かったといいます。

調査の結果、患者の多発地域と四日市コンビナートより発生する煤煙による汚染区域とが合致することより、原因は煤煙にあるものと推定されました。

詳しく調査をしたところ、工場で燃料に用いた石油中に含まれる硫黄Sが燃焼して発生する硫黄酸化物、つまり**SOx**（ソックス）と呼ばれるものが原因であることが明らかとなりました。

最初の対策としては、煤煙をできるだけ「広範囲に薄める目的」で高い煙突を採用しました。この高い煙突は四日市コンビナートの象徴的な光景となりましたが、残念ながら目立った効果はありませんでした。ただ拡散させただけで、抜本的な解決策ではありませんでした。

事態を改善したのは、燃焼装置に脱硫装置をつけて硫黄分を取り除いたことでした。このような装置が普及したのは、それによって

安価に硫黄を入手できることになったからといいます。これを必要とする会社に売れば、装置の減価償却どころでなく、利益すら出るのです。

　このため、硫黄鉱石の需要が無くなり、日本の硫黄鉱山は閉山への道を辿ることになったといいます。

カミオカンデ

　2002年、小柴昌俊東大名誉教授は「宇宙ニュートリノの検出」でノーベル物理学賞を受賞しました。また2015年には梶田隆章東大教授が「ニュートリノの質量確認」でノーベル物理学賞を受賞しました。

　小柴名誉教授の研究は、日本が誇る研究施設「カミオカンデ」を用いて行なったものでした。この施設はイタイイタイ病で知れ渡った岐阜県神岡町にあった神岡鉱山の坑道を利用してつくられたものです。地下1000メートルにある、直径15.6メートル、高さ16メートルに達するカミオカンデの水槽には、3000トンもの超純水が湛えられ、水槽の内側には約1000本の光センサーが取り付けられていました。水槽の中にニュートリノが入ってくると、ニュートリノは水中の電子などにぶつかって微弱な光を発します。その光をセンサーで捕えてニュートリノのふるまいを解析するのです。

　梶田教授の研究はカミオカンデをさらに高性能化した「スーパーカミオカンデ」を用いて行なわれました。かつて公害の原因を産出した鉱山が今は最先端研究の役に立っているのです。

食べ物、薬が 公害を引き起こした

—— その他の有名な公害事件

　公害の多くは気づかないうちに進行し、気づいたときには重篤な被害になっているケースが多いようです。しかし、中には一回の事故や事件で重篤な被害が生じた例もあります。

● 森永砒素ミルク事件

　1955年、突如、西日本一帯の多くの乳幼児の皮膚が黒ずみ、おなかが膨らむなどの異常が生じました。結局、1万2000名以上が肝臓肥大などの症状を起こし、明らかになっただけで130名の乳幼児が死亡する事態となりました。

　調査の結果、砒素中毒であることがわかりました。森永乳業製の粉ミルクに砒素が混入していたのです。これが森永砒素ミルク事件です。

　原因は、粉ミルク製造の際に原乳安定剤として用いる第二燐酸ナトリウム（Na_2HPO_4）に猛毒の砒素Asが混入したことによるものでした。

　森永は「この第二燐酸ナトリウムは他の原料会社から購入したものであり、したがって森永に責任は無い」との立場をとりました。しかし、森永は購入した第二燐酸ナトリウムの品質をなんら独自に

検査することなく、そのまま粉ミルクに使用していたことがわかりました。そのため、食品メーカーとしての倫理的な責任を追及されることとなりました。

　当初、砒素中毒には後遺症が無いといわれ、患者は長く放置されたままでした。しかし、事件後14年たって追跡調査した結果、重篤な後遺症が生じていることがわかり、改めて事件の重大さが認識されることになったのです。

● カネミ油症事件

　1968年、福岡、長崎県など西日本を中心に原因不明の皮膚障害が発生しました。症状は顔面の特異なニキビ様症状、色素沈着、全身倦怠などでした。これが**カネミ油症事件**です。

　調査の結果、原因物質は**PCB**（ポリ塩化ビフェニル）であることが明らかになりました。PCBは患者が食したカネミ倉庫社製の米糠油に含まれていました。米糠油製造の脱臭工程において、米糠油の中にステンレスパイプを通し、そこに熱媒体としてPCBを循環して加熱していたところ、このパイプに細孔が空き、そこからPCBが漏れ出したのです。これが元でPCBの毒性が明らかとなり、以後、PCBは製造、使用が禁止されました。

　PCBは天然には存在しない合成化学物質であり、酸、塩基はもちろん、高温にも強く、変質せず、高い絶縁性を持ちます。このような性質を利用して、トランスオイル、熱媒体、インクの溶剤、複写紙のマイクロカプセルなどにと、多方面に使用されました。

　製造使用禁止になるまでの間に製造使用されたPCBは膨大な量になります。しかも、PCBは安定で変質しないため、分解のしよ

うがないのです。そのため、将来、分解法が発見されるまで各事業所で保管されることになりました。

　ようやく最近、臨界状態の水を使うと効果的に分解されることが明らかになりました。PCBが無くなる日も射程距離に入ってきたようです。

● サリドマイド事件

　薬が実は恐ろしい毒性をもっていたという事件です。副作用などという次元ではありません。

　1957年、西ドイツの製薬会社グリュネンタールから睡眠剤としてサリドマイドが発売されました。ほどなく、恐ろしいことが判明しました。とある妊婦がこの薬を飲んだところ、アザラシのような四肢欠損症の赤ちゃんが生まれてきたのです。薬害は全世界に広がり、死産を含めて約5800人の被害者が出ました。日本でも300人余りの被害者が出ています。このため、サリドマイドは製造・使用が禁止されたのです。

　サリドマイドの構造は図1-5-1のようなものです。Aを鏡に写すとBになります。これは右手を鏡に写すと左手になるのと同様であり、このようなものを光学異性体（あるいは鏡像異性体）といいます。しかし、右手と左手が異なるのと同様に、この1対の化合物は互いに異なる化合物なのです。

　サリドマイドの場合、片方は催眠作用がありましたが、もう片方は催奇形性があったのです。しかし、サリドマイドは体内に入るとAはBに、BはAに変化して両方の混合物になります。このため、片方だけを取り出して飲んでも解決にはならないのです。

その他の有名な公害事件

1-5

図1-5-1 ● 光学異性体は似て非なる化合物

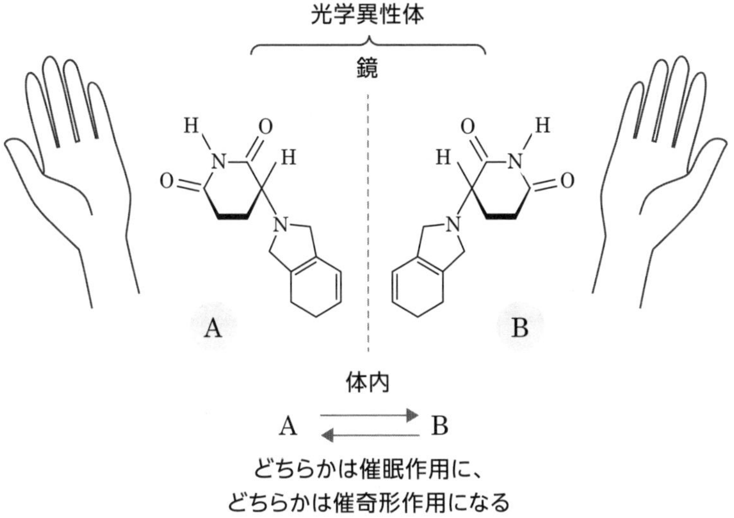

光学異性体

鏡

A

B

体内

A ⇄ B

どちらかは催眠作用に、
どちらかは催奇形作用になる

ところがその後、サリドマイドはガン、エイズ、リウマチなどに薬効があることがわかり、医師の厳重な管理の下に使用されることがあります。

● **スモン病事件**

1960年代から70年代にかけて、それまで無かった症状の病気が日本に広く発生しました。それは、激しい腹痛が起こり、2〜3週間後に下肢の痺れ、脱力、歩行困難などの症状が現れ、さらには視力障害が起こることもありました。

当初は原因不明の風土病とされ、スモン病という新しい病名が付けられました。原因はわからず、ウイルス原因説まで出ました。しかし、調査の結果、原因はキノホルムによる薬害であることがわか

りました。

　キノホルムは、殺菌性の塗り薬として1889年にスイスで開発された薬剤です。日本でも戦前から生産されていましたが、その用途は外用消毒とアメーバ赤痢治療（内服）に限られていました。

　スモン病の研究の結果、この病気は、キノホルムを整腸剤として服用することによって起こる神経障害であることがわかりました。患者は11000人にものぼる、かつてない一大薬禍となりました。

　患者はキノホルムを製造販売していた製薬会社と、使用を認めた国の責任を追及し、訴訟となりました。訴訟は原告の患者と被告の国、武田薬品の間に和解が成立し、被告側は非を認めました。

　しかし最終的な和解が成立したのは事件から30年以上も経った平成8年（1996年）のことでした。

● 環境ホルモン事件

　20世紀の終末頃、「環境ホルモン」という言葉がニュースで盛んにとり上げられました。「ホルモン」は生体内でつくられ、細胞間の情報伝達に利用される物質です。環境中に「ホルモン」に似た働きをする化学物質があるという話が広がり、これらは「環境ホルモン」あるいは「内分泌かく乱物質」と呼ばれました。

　ホルモンが動物の代謝、成長、生殖などを調節することから、環境ホルモンは子供や精子数への悪影響など、人間の生体に障害や有害な影響を引き起すのではないかと社会に不安が広がりました。

　しかし、広範、精密な研究にもかかわらず、少なくとも人間では、環境からの化学物質の摂取による内分泌かく乱作用により、有害な影響を受けたと確認された事例は現在のところありません。

その他の有名な公害事件

● ダイオキシン事件

　1970年代、アメリカはベトナム戦争において、ゲリラ掃討のためにベトナムのジャングルに大量の除草剤を散布しました。その結果、散布区域に奇形児が誕生し、それは除草剤に不純物として含まれたダイオキシンによるものであるとの説が現れ、**ダイオキシン**の毒性がニュースの大きなテーマになりました。

　ダイオキシンはポリ塩化ビニル（塩ビ）のような塩素を含む有機物を400℃以下の低温で焼却する時にも発生するというので、日本中のゴミ焼却炉はすべて800℃以上で焼却する施設に換えられました。

　ダイオキシン類は、「青酸カリよりも毒性が強い」といわれることがありますが、これは日常生活において摂取する量の数十万倍の量を一度に摂取した場合の急性毒性のことです。しかしダイオキシン類は意図的につくられる物質ではなく、実際に環境中や食品中に含まれる量は超微量ですので、日常生活で心配することはありません。WHO（世界保健機関）では、ダイオキシン類の中で最も毒性が強い物は、事故などによる高濃度暴露の際には発がん性があるとしています。しかしこれも、ダイオキシン自体ががんを引き起こすのではなく、他の発がん物質による発がん作用を促進する程度であるとしています。

　現在の我が国の通常の環境の汚染レベルでは、ダイオキシン類による発がんの心配は不要であるとされています。

第1章　環境問題はいつから、どのように始まったのか

第2章

地球温暖化の
原因と進み方

2-1

放出エネルギー ＝ 入射エネルギーという絶妙なバランス

── 地球とエネルギー

　最近、気候の変化が激しくなっているように感じます。極端に暑くなったり、その一方で極端に寒くなったり、何十年振りという大雨が2年続けて降ったりします。気象庁の貴重なデータの価値が薄れるのではないかと余計な心配もしたくなります。このような現象が起こると頭に浮かぶのが「地球温暖化」です。

　温暖になるのならゆっくりと進んでほしいと思いますが、自然のほうはなかなか人が思うようにはいかないようです。

　地球という部屋が暖かくなるというのは、どこかにストーブかエアコンがあって、そこから暖かい空気が流れ込んでいるからではありません。

　では、なぜ、今さら地球が必要以上に温まるようなことが起きるのでしょうか？

　私たちを取り巻く地球環境は、実は非常に微妙なバランスの上に成り立っています。一部分の変動が一部分におさまらず、全体に影響します。そのような事例が広がると、ついには地球全体の環境バランスに変調をきたすことになります。

地球には太陽から熱エネルギー、光エネルギーとして膨大なエネルギーが送り込まれています。このエネルギーが太陽で行なわれている原子核融合によるものであることは忘れてほしくないものです。

　にもかかわらず、地球が熱せられて高熱にならないのは、地球が太陽から受け取ったエネルギーを宇宙空間に放散しているからです。もし、受け取るエネルギーが多すぎれば、地球は融けて溶岩の塊になっていたかもしれませんし、反対に受け取るエネルギーが少なすぎれば、地球は冷えて固まった無生物の岩塊になっていたでしょう。

　地球の温度が一定であり、現在のように生物が生育できるのは、地球に精妙なエネルギーバランスを測る装置が内蔵されており、それが着実に使命を果たしてくれているためなのです。

　図2-1-1は地球におけるエネルギーバランスを表わしたものです。太陽から地球には莫大な量のエネルギーが届きます。それが図2-1-1の白い矢印で示したものです。その総量を仮に「100」としておきましょう。

　しかし、太陽エネルギーのおよそ31%は地表や雲によって反射されたり遮られたりして、地表に届くのは約49%です。残り20%は大気中に蓄えられます。すなわち、大気を含めた地球に届くエネルギーは実質69%なのです。

　大気と地表の間では、エネルギーの受け渡しが行なわれ、地球に到達したエネルギーは、やがて、宇宙へ放出されることになります。それが色の矢印で示したものです。

　すなわち、大気から57%、地表から12%、合わせて69%が放出されるのです。

つまり、**地球から放出されるエネルギーの総和は、地球に入射したエネルギーと同じになっている**のです。このため、地球は熱的に見て「定常状態」（時間的に見たとき、変化しない状態）となり、ほぼ同じ温度を保ち続けることができるのです。

　地球は素晴らしいバランスの上になりたち、それが生命を育んでいるのです。

図 2-1-1 ● 地球全体のエネルギー収支を考えてみる

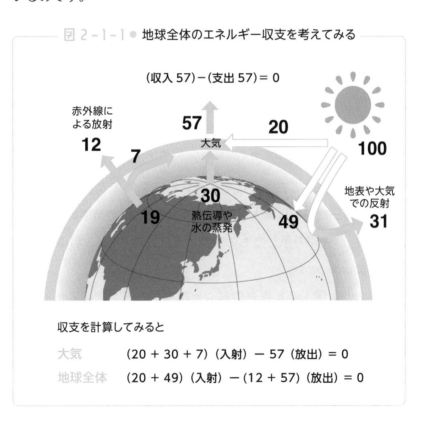

（収入 57）−（支出 57）＝ 0

赤外線による放射
12
7

57
大気
20
100

30
熱伝導や
水の蒸発
19
49

地表や大気での反射
31

収支を計算してみると

大気　　　　（20 ＋ 30 ＋ 7）（入射）− 57（放出）＝ 0
地球全体　　（20 ＋ 49）（入射）−（12 ＋ 57）（放出）＝ 0

2-2

21世紀末には標高50cm以下の土地は水没する？

── 地球温暖化

　地球の気温は過去何万年もの間、一定のサイクルを描いて温暖化、寒冷化を繰り返してきたと考えられています。しかし最近は、このサイクルを逸脱して気温が高まっているようなのです。この現象を地球温暖化といいます。

　図2-2-1は、最近120年ほどの地球の平均気温の推移を表わしたものです。ほぼ横ばいだった地球温度が1920年頃から上昇傾向を

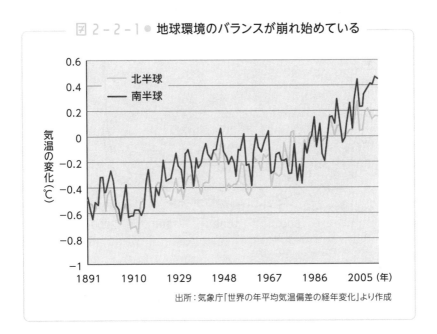

図 2-2-1 ● 地球環境のバランスが崩れ始めている

出所：気象庁「世界の年平均気温偏差の経年変化」より作成

見せています。1980年頃からはその傾向がとくに顕著になっていることがわかります。

　図2-2-2は人類史をさらに遡り、過去2000年にわたる温室効果ガス（2章3節参照）の大気中濃度を示したものです。1750年（産業革命）以降の温室効果ガスの増加は、工業化時代を迎えた人間活動によるものといって間違いないでしょう。

　地球温暖化の影響は気温の上昇だけに現れるものではありません。**より深刻なのは海水面の上昇**です。過去100年の間に、ほぼ10〜20cmの海面上昇が起こっているといいます。この上昇は地球温暖

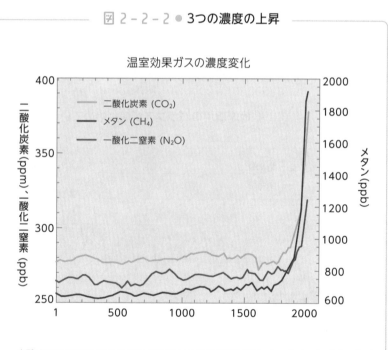

図 2-2-2 ● 3つの濃度の上昇

温室効果ガスの濃度変化

出所：https://www.ipcc.ch/site/assets/uploads/2018/02/ar4-wg1-chapter2-1.pdf
濃度単位は、100万分の1（ppm）、または10億分の1（ppb）であり、大気サンプル中の空気分子100万個または10億個あたりの温室効果ガスの分子数をそれぞれ示す。

化によるものです。

　このうち、南極大陸の氷や、氷河の氷が融けたことに由来する増加分は、2〜4cm、つまり2割に過ぎないといいます。残る10cm以上は、**気温上昇に伴う海水の体積膨張による海面上昇**と見積もられているのです。

　このままで推移すると、21世紀末には平均気温が2℃上昇するとの試算があります。そうなると、南極大陸の上にある氷や氷山が融けて海に注ぎます。これは海水の増加に直接つながりますから、海面が上昇することは間違いありません。その上にその海水が熱膨張するおかげで、海面が50cmほど上昇するといいます。10cmや20cmどころではなく、50cmです。

　つまり、現在標高50cm以下の地点にある陸地は、21世紀末には陸地でなくなり、海になっているということです。

　世界の大都市は、その多くが海に近い標高の非常に低い地域にあります。21世紀末には、世界中でベニスのような光景が広がるのかもしれません。

2-3

石油1gが燃えると、3倍(3g)の二酸化炭素が放出される

—— 温室効果ガス

地球が温暖化しているのは、「ある種の気体が大気中に増加し、その**気体が太陽エネルギーを溜め込むことが原因である**」とよくいわれます。この気体の効果は、温室の効果に似ているので温室効果と呼ばれます。そして、そのような効果をもつガスを一般に温室効果ガスと呼びます。

単位質量の物質の温度を1℃上昇させるために必要な熱量を比熱といいます。比熱の大きい物質は、熱を溜め込む性質が大きく、熱しにくく冷めにくいことになります。

地球温暖化をもたらすのは、このような**比熱の大きい気体が太陽のエネルギーを取り込んで、宇宙に放散しないこと**に原因があるのです。

気体（ガス）が地球の温暖化に寄与する尺度として、地球温暖化係数いう値が定義されています。図2-3-1の表はいくつかのガスの地球温暖化係数をまとめたものです。地球温暖化係数は二酸化炭素（炭酸ガス）を基準にして定められているので、二酸化炭素が1となります。

━━━━ 図 2-3-1 ● 二酸化炭素、メタンなどの地球温暖化指数 ━━━━

物　質	化学式	分子量	産業革命以前濃度	現在濃度	地球温暖化係数
二酸化炭素	CO_2	44	280ppm	358ppm	1
メタン	CH_4	16	0.7ppm	14.7ppm	26
一酸化二窒素	N_2O	44	0.28ppm	0.31ppm	296
対流圏オゾン	O_3	48	—	0.04ppm	204
フロン類	CF_mCl_n	—	0	—	数十〜数万

　温室効果ガスというのは、「地球温暖化係数の大きな気体」ということがいえます。図2-3-1の表は、温室効果ガスによる地球温暖化への直接的寄与の大きさを表わしたものです。

　各種の気体の中で、**二酸化炭素はとくに温室効果が大きい**ことがわかります。二酸化炭素は、もともと地球大気中に存在し、その量はほぼ一定していました。これは火山ガスに含まれたり、火事などによって新たに生成される量と、植物の光合成などによって消費される量が釣り合い、バランスをとっていたからです。

　しかし、図2-3-2に見られるように、その量は産業革命以降、明らかに増加に転じています。これは、人類が石炭、石油など、化石燃料を使い始めた時期と一致します。

　図2-3-3の円グラフを見ると、二酸化炭素の次にメタンも多いですが、これは湿地その他の土壌からの湧き出しの他に、動物やシロアリの腸内発酵、あるいは各種の細菌が有機物を分解してメタンに換えていることに由来します。細菌のこの働きはバイオエネルギーの一環として、人間も利用しようとしているところです。

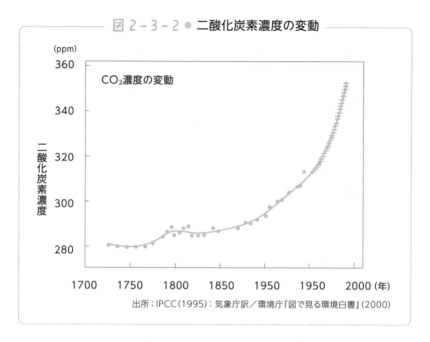

図 2-3-2 ● 二酸化炭素濃度の変動

CO₂濃度の変動

出所：IPCC（1995）：気象庁訳／環境庁『図で見る環境白書』（2000）

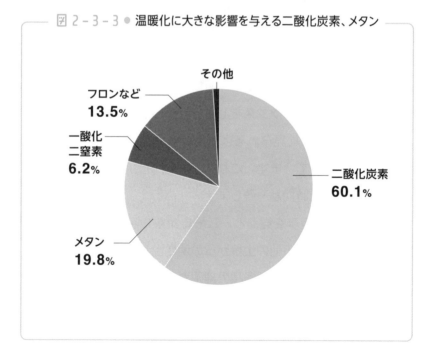

図 2-3-3 ● 温暖化に大きな影響を与える二酸化炭素、メタン

その他

フロンなど
13.5%

一酸化
二窒素
6.2%

二酸化炭素
60.1%

メタン
19.8%

2
－
3

温室効果ガス

地球温暖化の最大の原因物質は二酸化炭素であるといわれます。二酸化炭素のおもな発生源は化石燃料の燃焼です。化石燃料の代表として、石油が燃焼すると一体、どれくらいの二酸化炭素が発生するのか、簡単な計算で見てみましょう。

　石油は炭素Cと水素Hが化合したものであり、簡単に書くと、石油の分子式は $(CH_2)_n$ です。

　「石油が燃える」ということは、石油の炭素が酸素と反応して二酸化炭素CO_2となることであり、反応式は下のとおりです。

$$(CH_2)_n + \left(\frac{3n}{2}\right)O_2 \rightarrow nCO_2 + nH_2O$$

　すなわち、1個の石油分子には n 個の炭素原子が含まれます。したがって、1個の石油分子から n 個の二酸化炭素分子が発生するこ

図 2 - 3 - 4 ● 石油の成分と燃焼

石油成分

ヘプタン
$$CH_3-CH_2-CH_2-CH_2-CH_2-CH_2-CH_3 \qquad C_7H_{16}$$
オクタン
$$CH_3-CH_2-CH_2-CH_2-CH_2-CH_2-CH_2-CH_3 \qquad C_8H_{18}$$
ノナン
$$CH_3-CH_2-CH_2-CH_2-CH_2-CH_2-CH_2-CH_2-CH_3 \qquad C_9H_{20}$$

一般式 $CH_3-(CH_2)_n-CH_3$

反　応　$CH_3-(CH_2)_{n-2}-CH_3+\left(n+\dfrac{n}{2}\right)O_2 \longrightarrow nCO_2+nH_2O$

分子量　約$14n$ ⟶ 約$44n$

質　量　約14kg ⟶ 44kg（3倍）

とになります。

　炭素、水素、酸素の原子量はそれぞれ12、1、16です。そうすると、CH_2 原子団の式量（分子量）は「$12 + 1 \times 2 = 14$」となり、石油の分子量はその n 倍ですから $14n$ となります。

　一方、二酸化炭素の分子量は CO_2 なので「$12 + 16 \times 2 = 44$」であり、石油1分子から n 個の二酸化炭素が発生しますから、二酸化炭素の分子量の総和は $44n$ となります。

　すなわち、$14n$ gの石油が燃焼すると、$44n$ gの二酸化炭素が発生するのです。これは**石油が燃えると、石油重量の3倍の二酸化炭素が発生する**ことを意味します。

　石油の比重（水を1としたときの重さ）を0.7とすると、20Lのポリタンク1杯の石油は14kgとなります。この石油を燃焼すると44kgの二酸化炭素が発生するのです。なんと石油の重量の3倍の重量の二酸化炭素が発生するのです。1人で持つには重すぎる重量です。体積にするとほぼ四畳半の日本間の空間体積に匹敵します。

　地球温暖化係数は大きくないのに、二酸化炭素が地球温暖化の原因として問題にされるのは、このように、二酸化炭素は化石燃料の燃焼によって大量に発生するからなのです。

　そこで現在、カーボンリサイクルの技術を推進する動きがあります。これは、二酸化炭素を炭素資源（カーボン）と捉えて回収し、多様な炭素化合物として再利用（リサイクル）するというものです。大気中に放出される二酸化炭素の削減を図り、新たな資源の安定的な供給源の確保につなげることも目指しています。

2-4

現在が間氷期なら、二酸化炭素は濡れ衣を着せられたことになる？

── 地球の自律的温度変化

　現在の地球温暖化は人間の活動によって起こったものと考えられ、そのために世界各国による対処を求められています。

　しかし、地球の温度は過去にも変動を続けてきました。これは人間の活動だけが原因というわけではなく、もちろん、他の動物の活動によるものでもありません。おそらく、地球自身の活動による自律的な温度変化なのです。

　地球の気温は、暖かい時代と寒い時代とが交互に繰り返しつつ、今日に至っていることがわかっています。寒い時代を氷河時代といいます。

　地球の歴史からいうと、現在は氷河時代なのであり、250万年前から続く「第四紀氷河時代」になるといいます。しかし氷河時代といっても、常に寒冷な気候が続くわけではなく、寒冷な氷期と、温暖な間氷期が交互におとずれるのです。現在はそのうちの間氷期であり、1万1000年前から始まったといいます。

　図2-4-1に、過去の氷期と間氷期の期間を示しましたが、いずれも短かければ2万～3万年、長ければ10万年以上も続き、規則性は見えません。

　つまり、現在の間氷期がそろそろ終わりになるのか、それともこ

図 2-4-1 ● 氷期と間氷期

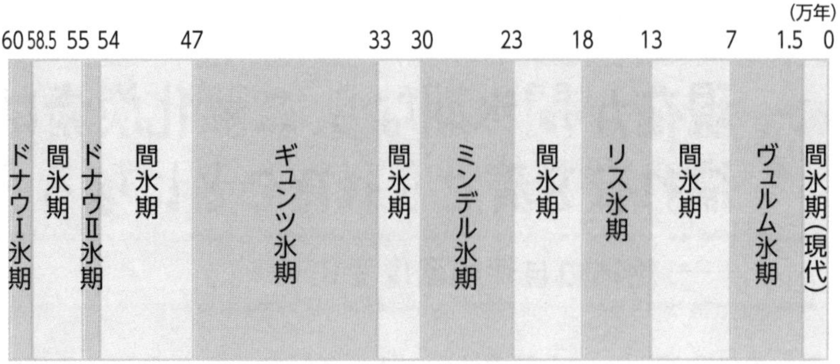

(万年)

| 60 | 58.5 | 55 | 54 | 47 | 33 | 30 | 23 | 18 | 13 | 7 | 1.5 | 0 |

ドナウI氷期 / 間氷期 / ドナウII氷期 / 間氷期 / ギュンツ氷期 / 間氷期 / ミンデル氷期 / 間氷期 / リス氷期 / 間氷期 / ヴュルム氷期 / 間氷期（現代）

氷河時代のうち、氷河の発達に見られる寒冷な時期を「氷期」、
そして氷期と氷期の間に見られる比較的温暖な時期を「間氷期」という。

れから先さらに数万年も続くのかは誰にもわからないのです。

　もし、現在が間氷期の終わりに近づいているのであれば、気温は氷期に向かって下降するでしょうし、もし間氷期がこれから何万年も続くのであれば、温度は現状維持か、あるいは上昇するかもしれません。

　もし後者なら、地球が温暖化するのは、地球の自律的な変化であり、濡れ衣を着せられた二酸化炭素こそ、いい面の皮ということになってしまいます。

2-5

たまたま？ 地軸の変化？
マントル対流？

—— 地球温暖化の原因

　数年前までは、地球は温暖化していないという声もありましたが、さすがに最近はそのような声を聞くことは無くなりました。南極の氷も融け、地球は確かに温暖化しつつあるようです。それではその原因は何なのでしょうか？

　先に見たグラフ（図2-3-2）のように、産業革命以降、二酸化炭素の濃度が上昇しているのは確かです。

　しかし、相関関係があるからといって因果関係まであるとは限りません。つまり、**「地球温暖化の原因は、すべて二酸化炭素濃度の上昇にある」とは限らない**、ということです。もしかすると、両者の上昇傾向はたまたまの偶然であり、地球温暖化の真の原因は、二酸化炭素の濃度の上昇以外にあるのかもしれないからです。

　というのは、観測データによれば、気温の上昇と二酸化炭素濃度の上昇は、ほぼ同時に起こっていますが、詳しく見ると、気温の上昇の方が先に起こっているといいます。これは重要なことを意味します。

　二酸化炭素は非常に水に溶けやすい気体であり、海水の中に無尽蔵といってよいほどの量が溶けています。そして、二酸化炭素に限

らず、水に溶ける気体の量は温度が高くなると少なくなります。砂糖などの固体は高温になるほど多くの量が溶けますが、それとは反対に、**気体は高温になると水に溶けなくなる**のです。

　夏になると金魚鉢の金魚が水面に顔を出して空気を吸うようになるのは、水に溶け込んでいる空気（酸素）の量が少なくなったからなのです。

　つまり、**気温が上昇すると海水に溶けていた二酸化炭素が空気中に放出される**のです。その結果、二酸化炭素濃度が上がったのです。二酸化炭素の温室効果によって気温がさらに高まり、さらに二酸化炭素が海面から出てくる、という正のフィードバックがかかるというのです。

　地球の南極と北極の「極」は時代によって変化します。つまり地軸は長い時間の間に傾きを変えるのです。これが**地軸の変化**です。それと同時に地球が太陽のまわりを巡る公転面の方向も変化します。

　この2つの方向の変化の結果として、氷期と間氷期が生じるといいます。このような考えにしたがって、天文学的な計算を行なうと、次の氷期がくるのは2～3万年先ということになるそうです。ということは、現在は間氷期の真っ盛りということになります。

　地球は、人類の活動には関係なく、暖かくなっているのかもしれません。つまり、現在の地球温暖化は地球の自律的な変化なのかもしれないのです。

　現在では常識となっているプレートテクトニクス理論が誕生したのは1960年代のことでした。意外かもしれませんが、半世紀ほど

前のことに過ぎません。

　これは大陸が移動し、その結果地震が起こり、火山噴火が起こり、大陸の衝突が起こり、大陸が消滅し、というスケールの大きな出来事が連続して、大陸が変貌していくという理論です。

　プレートが移動する原因は2つ考えられています。1つはマントルに乗ったプレートが自重によって沈み込むというものであり、もう1つはマントルの対流によってその上に乗ったプレートが移動するというものです。

　つまり、マントルは対流しているのです。これは地磁気による影響もあるでしょうし、マントルの部分温度の違いに基づく比重の違いの影響もあるでしょう。ということは、マントルの移動によって地球の表面温度が影響を受ける可能性もあることになります。

　地球温暖化の真の原因がどこにあるのか、人為的な二酸化炭素の発生が真因なのか、自転軸などの変動という天文学的な影響なのか、あるいはマントルの対流という地球の地理的な変化によるものなのか、さらに、まったく違った理由によるものなのか。

　知的でスリリングな科学の考察が、しばらくの間続きそうです。しかし、いずれにしろ、現在の二酸化炭素濃度が高いことは確かです。地球温暖化はさておいても、二酸化炭素を減らさなければならないのは確かなようです。

第 **3** 章

地球の水をめぐる
環境と問題

3-1

500年で水が入れ替わる「深層大循環」が地球の気候を維持してきた

—— 海洋の環境

　地球は直径1万3000kmほどの球であり、その表面積は1億8000万km²です。しかし、その71%は海なのです。そのため、地球は「水の惑星」と呼ばれているほどです。地球の水の総量は14億km³であり、海の平均深度は3800mもあります。

　図3-1-1は、地球上に存在する水の種類（海水、地下水、氷河など）を示したものです。水の全重量の96.5%は海水であり、淡水は2.53%に過ぎません。「水の惑星」とはいっても、そのほとんどは海水、塩水なのです。

　しかも図3-1-2の円グラフに見られるように、淡水の70%は氷河などの氷であり、次に多いのが地下水で、この両者で全淡水の98%以上を占めます。淡水といわれて私たちが思い出す川や湖沼の水は0.01%にも及びません。

　水の特徴は循環することです。水は寒ければ固体の氷となり、室温では液体となり、高温では気体の水蒸気となります。これを水の状態の循環といいます。

　それだけではありません。水はこの「状態の循環」を通じて、地球の環境中を循環しているのです。海水は太陽熱で温められて水蒸

図 3-1-1 ● 地球の水は海水がほとんど

水の種類		量 (1,000km³)	全水量に対する割合(%)	全淡水量に対する割合(%)
海水		1338000	96.5	
地下水		23400	1.7	
	塩水	12870	0.94	
	淡水	10530	0.76	30.1
土壌中の水	淡水	16.5	0.001	0.05
氷河等	淡水	24064	1.74	68.7
永久凍結層地域の地下の氷	淡水	300	0.022	0.86
湖水		176.4	0.013	
	塩水	85.4	0.006	
	淡水	91.0	0.007	0.26
沼地の水	淡水	11.5	0.0008	0.03
河川水	淡水	2.12	0.0002	0.006
生物中の水	淡水	1.12	0.0001	0.003
大気中の水	淡水	12.9	0.001	0.04
合計		1386000	100	
合計（淡水）		35029	2.53	100

出所：World Water Resources at the Beginning of the 21st Century.UNESCO, 2003をもとに国土交通省水資源部作成
（この表には南極大陸の地下水は含まれていない）

図 3-1-2 ● 淡水は水の 2.53%、しかも使える水は……

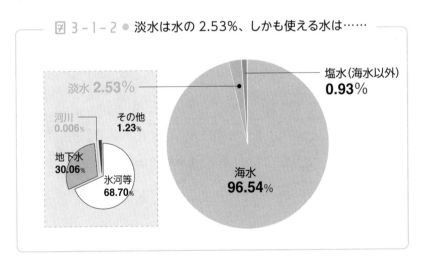

淡水 2.53%

河川 0.006%

その他 1.23%

地下水 30.06%

氷河等 68.70%

塩水（海水以外） 0.93%

海水 96.54%

気となって高空に昇り、高空で冷やされて雨、雪となって地上に落ち、川に入って流れ下って再び海に入ります。

その間、水は大気中や地表の物質を溶かし、流します。このように、水は自らが循環するだけでなく多くの物質の循環を助け、地球を浄化しているのです。

● 海洋の流れ

河川の水は高所から低所に向かって休むことなく移動を続けます。海洋の水も同様です。海流として大陸や島嶼（とうしょ）のまわりを移動します。海流は主に海洋の表面を移動する海水の流れです。

地球上には図3-1-3に示したように南北太平洋海流、南北大西洋海流、カリフォルニア海流、南インド洋海流などがあります。

海水の移動は、海の表面を流れる海流ばかりではありません。海

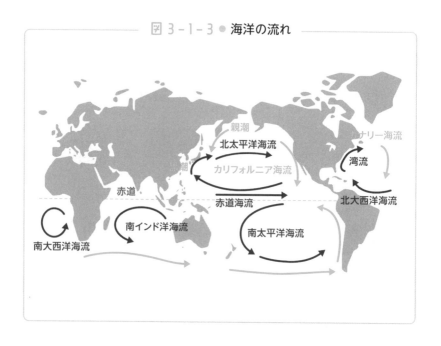

図 3-1-3 ● 海洋の流れ

水は地球規模の大きな流れをつくっているのです。それは主に海水の温度差による比重の変化と、地球の自転に基づいて起こる移動であり、「深層大循環」あるいはベルトコンベアー循環などといわれます。

　その流れは図3-1-4に示したようなものであり、海洋の表面から海面下1500〜4000mに達する、**深海を巡回する地球全体を覆う大きな流れ**となっています。グリーンランド沖で深海に潜り、移動してインド洋とベーリング海で表層に上昇します。その移動速度は深海における水平速度が毎秒10〜20cmであり、上昇速度は毎日1cmであり、ほぼ500年で2000m以深の海水が入れ替わるという、ゆっくりとしたものです。

　海流や深層大循環に基づく海水の大規模な移動は、地球上の温度差解消などを通じて気候変動に決定的な影響を与えています。過去

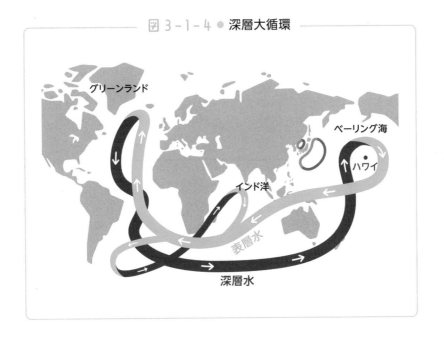

図 3-1-4 ● 深層大循環

1万年ほどの間、地球の気温に大きな変動がなかったのは、この深層大循環があったおかげといわれています。

図3-1-5の表は、人体および海水に含まれる元素を、その多さの順に並べたものです。参考のために地殻の表層における元素と大気中の元素についても示しておきました。

表からわかるとおり、上位10位までの元素を比較すると、人体と海水では9種類までもが等しい（色アミのついた元素）ことがわかります。このことは、「生命が海水中で誕生したもの」との説を裏付ける、有力な証拠の1つと考えられています。

ちなみに地球表層や大気中では5種に過ぎません。大気中の元素は、生体ではすべて有機物をつくるために使われています。

図 3-1-5 ● 人体中、海水中などの元素の割合

存在量順位	1	2	3	4	5	6	7	8	9	10
人体	H	O	C	N	Na	Ca	P	S	K	Cl
海水	H	O	Na	Cl	Mg	S	K	Ca	C	N
地球表層	O	Si	H	Al	Na	Ca	Fe	Mg	K	Ti
大気	N	O	Ar	C	H	Ne	He	Kr	Xe	S

3-2

汚染の再生装置「海洋」の機能をおびやかすもの

—— 海洋汚染

　水は量を問わなければ、あらゆるものを溶かします。金もウランも水に溶けます。しかし、このことは同時に人類がつくり出した有害物質も海水に溶けることを意味します。一般に、金属や有機物は水に溶けないといわれますが、そんなことはありません。水は少量ならどんな物をも溶かします。

　先に見たように、水はその循環の過程で、大気中、地表、場合によっては地中の物質まで溶かし出し、最終的に海に搬出します。こ

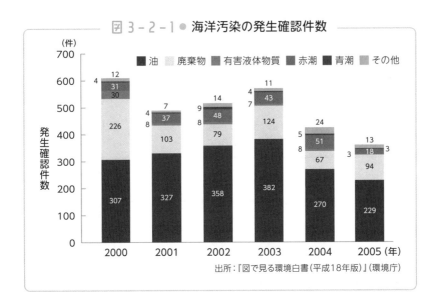

図 3-2-1 ● 海洋汚染の発生確認件数

出所：『図で見る環境白書（平成18年版）』（環境庁）

の意味で、**海は環境汚染物質の最終貯留地であり、汚染物質の優れた分解再生装置でもある**のです。

　海洋は、種々の要因で汚染されます。図3-2-1は海洋汚染の原因を表わしたものです。タンカーや船舶の事故に基づく油による汚染が最も多いことがわかります。

　海水を汚染するのはそれだけではありません。海水が人類の排出した有害物質で汚染されていることを裏付けるデータの1つに、有機塩素化合物である**PCB**と**DDT**の濃度があります。その濃度は表層水で見る限り、非常に希薄なものとなっています。

—— 図 3 - 2 - 2 ● 表層水とプランクトンにおける PCB/DDT 濃度 ——

	濃度(ppb)	
	PCB	DDT
表層水	0.00028	0.00014
動物プランクトン 濃縮率(倍)	1.8 6400	1.7 12000
ハダカイワシ 濃縮率(倍)	48 170000	43 310000
スルメイカ 濃縮率(倍)	68 240000	22 160000
スジイルカ 濃縮率(倍)	3700 13000000	5200 37000000

出所：立川 涼「水質汚濁研究、11、12」(1988)。

　しかし、ここで生物が関係すると様相が変わってきます。**食物連鎖**によって生物濃縮が起こるのです。

　すなわち、海水中のDDTをプランクトンなどがとり込み、体内に濃縮します。それをイワシが食べてさらに濃縮し、それをイカが

食べ、イルカに至ると、その濃縮率は3700万倍というすごい倍率に跳ね上がります。

同様のことは人間にも起こっています。身近な環境からは姿を消したはずのDDTが母乳から検出されるというのは、実はこのような機構が働いているからです。

この食物連鎖が水俣病公害でも起こっていたことは先に見た通りです。水俣病ではさらに、排出された時に無機水銀だった物が人の口に入るときにはメチル水銀という有機水銀に変わっていたのであり、**食物連鎖が単なる濃度の増殖だけでなく、質の変化にも関与していた**ことがわかっています。

富栄養化とは、**塩類の少ない水環境に栄養価の高い塩類が流れ込むことによって、プランクトン類が異常増殖する現象**をいいます。しかし最近は栄養塩類の備蓄によって藻類が異常増殖し、それが腐敗することによって起こる、溶存酸素の低下、その結果の魚類、必要藻類などの減少を表わす言葉となりました。

この現象は河川の流入する湾等の閉鎖性水域、すなわち日本なら瀬戸内海、東京湾、大阪湾などでしばしば起こります。富栄養化が起こるとプランクトンが異常増殖し、それによって海域が特有の色になることから、**赤潮**、**青潮**などと呼ばれています。

このようなプランクトンの中には毒素を持つ物もあり、それを食べた魚は死んでしまいます。また、青潮の場合には、プランクトンが水面を覆って光を遮断することから海藻が死滅し、光合成が行なわれなくなることで海中の溶存酸素が少なくなり、水棲生物が死滅することになります。

このようなプランクトンの異常増殖が起こると、その後はそのプランクトンの一斉死滅が起こります。するとその腐敗によって水中酸素の減少が起こり、魚類にとっては二度目の試練が訪れることになります。

海の生き物であるジンベイザメやマンタ（エイ）、マンボウ等は悠々とわが世の春を謳歌しているように見えますが、その実はかなり危ない綱渡りを強いられているのかもしれません。

水の性質を表わす指標にCOD（化学的酸素要求量）、BOD（生物化学的酸素要求量）があります。これらは、水中に含まれる有機物の量を示す指標です。

有機物を、酸素を使って化学的に分解するときに必要とされる酸素の量を表わしたものをCODといいます。一方、有機物を微生物で分解するとき、微生物も酸素を必要とします。この酸素量を測ったものがBODです。

いずれにせよ、これらの数値が大きい水ほど多くの有機物を含む（汚れた）水であることを示します。工場などの排水では、COD、BODともに160mg/L（日間平均120mg/L）以下と定められています。

3-3

流れ込む汚れが
富栄養化となり、水を汚す

── 湖沼と川の環境

　琵琶湖（滋賀県）や印旛沼（千葉県）などの湖沼は、淡水の集積場です。湖沼は淡水魚の生活の場であり、人々にとっては上水道の取水源となって貴重な飲料水をはじめ生活用水を与えてくれる大切な自然環境です。

　湖の起源はさまざまです。その中で最も基本的なものは、新しく噴出した溶岩によってできた巨大窪地に水が溜まった、というものでしょう。

　一般に、このような湖水には生物を育てる養分が何も無いので貧栄養湖といわれ、水は透明で澄み切っています。蔵王の火口湖である「お釜」のように、極端に酸性度が高いなどの特殊条件があれば、湖沼はそのままの状態で推移することでしょう。

　しかし、このような湖水にもやがて川が通じ、土砂と栄養分が流入すると、生物が繁殖することになります。長い年月の後、湖水には土砂と有機物が満ち、富栄養湖へと変化します。

　富栄養湖はさらに有機物とその堆積物に埋もれて沼となり、最終的には湿原を経て草原、森林へと進化します。

　植物の三大栄養素である窒素やリン、カリウムは、化学肥料である硫酸アンモニウムや硝酸カリウム、リン酸カリウムなどにふんだんに含まれます。それだけでなく、リンは洗剤などにも含まれますが、また糞尿にも含まれます。

　湖水にこのようなものが流れ込むと、微生物が急激に繁殖します。その後、その死、腐敗によって水質の悪化が起き、それによってさらなる富栄養化が進行し、湖水の水質は一気に悪化します。その結果、湖底はヘドロで覆われ、水質は悪臭を伴って悪化することになります。

　酸性雨が湖水に溜まると、その酸性に耐えられなくなった、魚介類はもとより、水棲植物までもが死滅してしまいます。

　このようになった湖水は再生産することなく、やがて保水力を失い、ついには枯れ上がってしまいます。その後は砂漠化への道しか残されていないことになります。

　日本の河川と欧米の河川では基本的な違いがあります。それは流域の長さです。日本では数十kmの川がある一方、欧米では数千kmの川もあります。すると、川に入った物質が海に流れ落ちるまでに費やす時間が変わってきます。

　つまり、欧米のような長い川では、長い時間をかけて生成した複雑な組成の化学物質が出てくる可能性があります。そのような物質がフミン類と呼ばれる物質です。欧米の河川は褐色に色づいた水が流れていることがあります。このような色のもとになっているのがフミン類です。

　フミン類の分子構造の特色は、とにかく区切りが無く、非常に複

雑で、むやみに大きい分子だ、という点です。

　たとえば、後で見る高分子や核酸のDNAなどは非常に大きな分子構造をしていますが、これらは簡単な単位分子が連続してできている構造をしています。

　また、ビタミンB$_{12}$やサンゴ礁に棲む生物が持つパラトキシンのように、複雑な分子構造を持つ物があります。しかし、これらは必ず、これで1個といわれる区切りが存在します。

　ところが、フミン類の構造にはその「区切り」のような物もありません。延々ダラダラと構造が続くのです。この構造は石炭の構造に似ています。つまり、フミン類は「水溶液となった石炭」のような構造なのです。

　フミン類は、将来、水中から回収して土壌改良剤として利用することが検討されています。しかし一方、フミン類を含む水を上水道の用途として利用するために塩素殺菌をすると、発がん性が疑われるクロロホルムやトリハロメタン類（有機塩素化合物）が生成する可能性も指摘されています。欧米の川の水には、日本の川とは異なる少しやっかいな物質が存在しているのです。

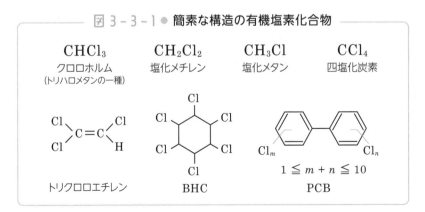

図 3 - 3 - 1 ● 簡素な構造の有機塩素化合物

$CHCl_3$　クロロホルム（トリハロメタンの一種）　　CH_2Cl_2　塩化メチレン　　CH_3Cl　塩化メタン　　CCl_4　四塩化炭素

トリクロロエチレン　　BHC　　PCB　　$1 \leqq m + n \leqq 10$

3-4

地下水は800年も滞留するが、シェールガス開発で汚染が進んでいる
—— 地下水の環境

　地下水の特徴は、本来ならば「海→大気→雨→地表→海」へと循環すべきだった水が、長時間一箇所に留まっていることです。

　図3-4-1の表は各種の環境におかれた1個の水分子が、その環境内に留まる平均時間を表わしています。

　表によれば、蒸発して大気中に入った水（水蒸気）が雨となって地上に落ちるまでに10日ほどかかり、川の水が海に達するまでに平均13日かかるということです。

　湖沼水の滞留時間は川との連絡の程度によっていろいろのようですが、地下水の場合には平均830年と、思いのほか長くなっているようです。ただ、浅水地下水では100〜200年に対して、深層地下水では1万年と、かなり差があるようです。

　いずれにせよ、これほど長期間にわたって岩石や土壌に接しているわけですから、水はさまざまな成分を溶かして保留していること

図 3 - 4 - 1 ● 水の平均滞留時間

海水	氷雪	地下水	土壌水	湖沼水	河川水	水蒸気
3200年	9600年	830年	0.3年	数年〜数百年	13日	10日

を意味します。

　一方、土壌に吸着された水、いわゆる土壌水の滞留時間は短く、およそ3〜4か月（0.3年）程度となっています。

　地下水にはいろいろの用途があります。私たちの口に入るものとしては、井戸水に代表される上水道への利用があります。深部にあって地熱で温められた地下水は温泉や地熱発電の熱源として利用されます。

　水の性質を表わす数値に「硬度」があります。硬度は水に含まれるカルシウム Ca やマグネシウム Mg 等の鉱物（ミネラル）の濃度を表わす言葉です。硬度は単位量の水に含まれるミネラルの量を炭酸カルシウム $CaCO_3$ に換算した値であり、**硬度の数値が大きいほどミネラルを多く含む**ことになります。

　硬度の高い水を硬水、低い水を軟水と呼びます。硬水・軟水の定義は国によって違いますが、日本では硬度100以下の水を軟水、それ以上を硬水と分類しています。一般に日本は軟水が多く、欧州は硬水が多いようです。硬水より軟水が美味しいとの説もありますが、それは人の好き好きです。

　硬水はミネラルを含むので健康に良いという人もいます。飲料水として有名なフランスのエビアンの水は硬度300の硬水ですし、日本酒の「灘の生一本」をつくる宮水も硬度120の硬水です。

　地下水は工業においても、冷却水、洗浄水、スチームなどの熱媒体として大量に用いられています。そのため、地下水のくみ上げによる地盤沈下が問題になることもあります。

　地下水は雨が地表に落ちて、その後地中に染み込んだり、あるい

は河川から染み出した水が地下に溜まったものです。したがって必然的に空中の水溶性成分を溶かし、また、地表、あるいは地中の水溶性成分を溶かし込んでいます。

　農地からは散布した農薬が、工場からは各種の廃棄物溶液が地下に染み込みます。このように地下水には各種産業廃棄物の可溶性成分が入り込むことになります。

● シェールガス掘削による土壌汚染

　最近話題になっている化石燃料に**シェールガス**があります。

　シェールというのは貝殻のシェルではなく、**頁岩**のシェールなのです。「頁岩」の読みは「けつがん」であり、堆積岩の一種です。

　「頁岩」の「頁」という文字は、通常は「ページ」と読みます。そこからも類推できるように、**頁岩は薄い岩の層が何層にも重なった堆積岩**であり、その間に天然ガスのメタンCH_4が吸着されています。

　シェールガスの存在自体は以前から知られていましたが、その採掘方法が開発されていませんでした。

　というのは、シェールガスが存在するのが地下2000〜3000m という深い場所だからです。ところが今世紀に入って、初めて有効な採掘法がアメリカで発明されました。

　それは**斜坑法**といわれるもので、図3-4-2に見るように、頁岩層まで斜めの坑道を掘ります。その後、頁岩層に水平にし、この坑道から高圧水やある種の化学物質を吹き込んで頁岩層を砕きます。そして遊離した天然ガスを回収するという方法です。

　この方法は経済的には成功をおさめ、図3-4-3に見られるように、

3
－
4

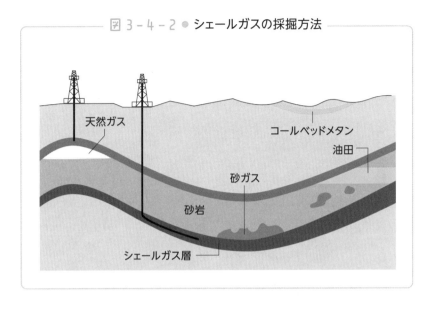

図 3-4-2 ● シェールガスの採掘方法

天然ガス

コールベッドメタン

油田

砂ガス

砂岩

シェールガス層

このおかげでアメリカの天然ガスの価格は大幅に下がりました。そればかりでなく、アメリカは外国から天然ガスを輸入する必要が無くなったほどです。

しかし、弊害が現れました。まず、注入するための水は近くの地下水を用います。それによって、地盤沈下を招きます。

それだけでありません。注入された部分では岩が崩れます。結果として、地盤沈下どころか、局所的には地震まで起きます。人為的に引き起こされた地震です。

さらに恐ろしいのは、掘り出し現場では地下水にガスや化学物質が混じります。その結果、現場近くの井戸水にライターを近づけると火が付くという動画まで投稿されているほどです。メタン含有率が高く、もはや飲用水としては使えません。そのためフランスのように自国内でのシェールガス採掘を禁止した国も現れています。

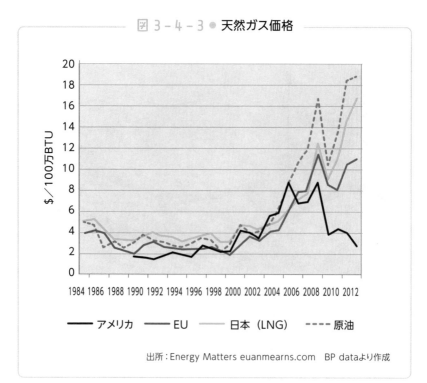

図 3 - 4 - 3 ● 天然ガス価格

出所：Energy Matters euanmearns.com　BP dataより作成

3-5

日本での課題は❶下水の普及率と、❷家庭排水と雨水の分離

—— 上下水道

　私たちの生活に最も密接に関係した水環境といえば、「水道の水」と「排水」といってよいでしょう。これらは上水道と下水道として区別されます。

● 上水道のろ過方法

　日本では上水道の普及率は96%以上に達しています。つまり、ほとんどすべての国民が上水道を利用しています。

　上水道の水源は「河川、湖沼、地下水」の三種があります。しか

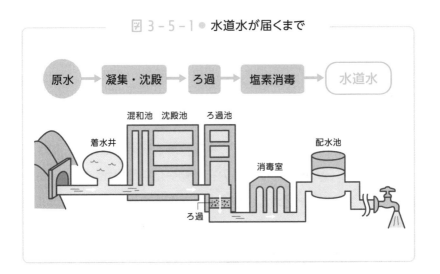

図 3-5-1 ● 水道水が届くまで

原水 → 凝集・沈殿 → ろ過 → 塩素消毒 → 水道水

混和池　沈殿池　ろ過池

着水井

消毒室

配水池

ろ過

第3章 ｜ 地球の水をめぐる環境と問題

73

し水道として供給するためには衛生的な基準を満たさなければなりません。原水は図3-5-1に示したさまざまな手段で浄化され、水質基準を満たした上で供給されます。

①沈殿ろ過：原水を静置することによってごみや土を除きます。しかし水の濁りは非常に細かい粒子によるものであり、静置だけでは透明にならないことがあります。そのような場合には高分子系の凝集剤を加えて沈殿させます。

②砂ろ過：上の操作で除去できなかった微粒子を、砂の間を通すことで除きます。

③塩素殺菌：最後に、殺菌のためにカルキを加えて、そこから発生する塩素によって殺菌します。

　最近は産業廃棄物からの汚水によって、原水にトリハロメタンなどの有機塩素化合物や重金属などが紛れ込むことがあり、それらをどう除いていくかが問題となっています。

　1993年には米国ミルウォーキーで原虫のクリプトスポリジウムによる上水道の汚染事故がありました。40万人の感染者と400人の死者を出すという大事故になりました。この原虫は通常レベルの塩素殺菌では死滅しなかったということです。

● 下水道のろ過方法

　家庭から出る排水には、さまざまな種類の物質が含まれています。台所や風呂からの排水には各種の有機物や化学薬品が含まれ、トイレの汚水には屎尿を始めとして、生体から分泌される各種のホルモンなども含まれます。

　日本で下水処理施設のある生活をしている人は全人口の79%ほ

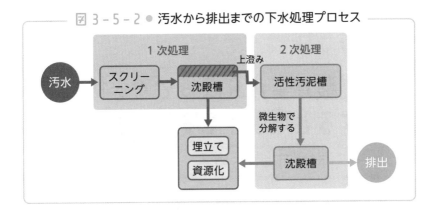

図 3-5-2 ● 汚水から排出までの下水処理プロセス

1次処理

2次処理

汚水 → スクリーニング → 沈殿槽 → 上澄み → 活性汚泥槽

埋立て
資源化

微生物で
分解する

沈殿槽 → 排出

どであり、アメリカ（74%）とはほぼ同じ程度ですが、オランダ（99%）、イギリス（97%）、ドイツ（97%）などに比べると、まだまだ低いといわざるを得ません。

　図3-5-2は、下水処理の流れの一例を示したものです。

①1次処理：スクリーニングによって油やごみを除かれた汚水は沈殿槽に入り、汚泥と上澄み水に分けられます。

②2次処理：上澄み水は活性汚泥槽で、好気性細菌によって有機物が分解されます。その後、沈殿槽で沈殿と上澄みに分けられ、上澄みだけが排出されます。沈殿槽に溜まった汚泥は肥料とされたり、焼却されたりします。

　下水道にはトイレなどの家庭排水を流す物と雨水を排水する物の2種類があるはずなのですが、日本では多くの場合、両方が一緒になっています。そのため大量の雨が降った後には下水処理が間に合わなくなり、放流に近い状態になるといいます。これを分離することがこれからの日本の課題になりそうです。

3-6

強酸が空から降ってくる! 放置 すると環境が激変し砂漠化に至る

── 酸性雨による被害

　空気を構成する物としては、窒素が78%、酸素が20%と、この2つだけで98%以上を占めています。しかし、微量とはいえ、アルゴンも0.9%含まれますし、二酸化炭素も0.04%、その他にいろいろの有害気体が含まれます。

● 酸性と中性

　雨は空中を通って落下してくる間に、空中の可溶性成分を溶かし込みます。二酸化炭素 CO_2 もそのような成分の1つです。二酸化炭素は水に溶けると炭酸 H_2CO_3 という酸になります。すべての酸は分解して水素イオン H^+ を発生します。

$$CO_2 + H_2O \rightarrow H_2CO_3 （炭酸）$$
$$H_2CO_3 \rightarrow H^+ + HCO_3^-$$

　水 H_2O はそれ自身が分解して H^+ と水酸化物イオン OH^- を発生しますが、H^+ 濃度と OH^- 濃度が等しい状態を中性、H^+ が OH^- より多い状態を酸性といいます。

$$H_2O \rightarrow H^+ + OH^-$$

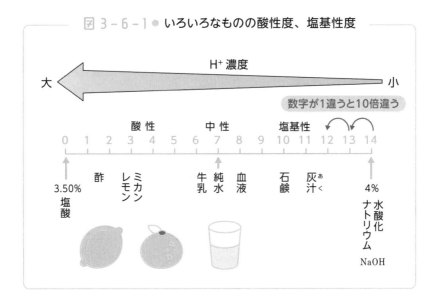

図 3-6-1 ● いろいろなものの酸性度、塩基性度

H⁺濃度

大 ← → 小

数字が1違うと10倍違う

酸性　中性　塩基性

0　1　2　3　4　5　6　7　8　9　10　11　12　13　14

3.50%
塩酸

酢

ミカン
レモン

牛乳

純水

血液

石鹸

灰汁（あく）

4%
水酸化
ナトリウム
NaOH

　溶液が中性か酸性かを表わすには**pH**（ピーエッチ）と呼ばれる**水素イオン指数**を用います。pHは1〜14まで変化しますが、中性を7とし、7より小さいと酸性、7より大きいと塩基性（アルカリ性）といいます。

　そしてpHの数値が1違うと濃度は10倍違うことになります。したがってpH5の溶液中にはpH6の溶液の10倍、さらにpH7の溶液の中の100倍のH⁺が存在することになります。

● 酸性雨とは

　雨は空中を落下する水滴ですが、落下する途中で二酸化炭素を溶かし込み、酸性となります。つまり、世界中どこを探しても<u>雨はすべて酸性であり、中性の雨などは存在しない</u>ことになります。

　雨を酸性にする原因は二酸化炭素以外にもあります。石炭や石油の中には不純物として硫黄成分（S）や窒素成分（N）が含まれます。

硫黄が燃えると硫黄酸化物ができますが、その種類はいろいろあり、いちいち書くと面倒になりますので、一般に、まとめて SOx と書いてソックスと読むことになっています。窒素酸化物も同様に NOx とまとめて、ノックスと呼ばれます。新聞でも、よく SOx、NOx という表記が見られます。

　SOx が水に溶けると、強酸の硫酸などになります。また、NOx が溶けるとやはり強酸の硝酸などになります。この SOx と NOx が酸性雨の直接の原因と考えられています。

　それでは、どれくらい酸性が強いと酸性雨と呼ばれるのでしょうか？　実は、国際的に定まった定義はありません。アメリカでは pH5 以下の雨を酸性雨と呼ぶそうです。日本では気象庁が「目安」として pH5.6 を提唱しています。これはアメリカより日本のほうが相当厳しい基準値ということがわかるでしょう。

　図 3-6-2 は、アメリカにおける酸性雨の酸性度分布を等高線で表わしたものです。酸性雨は東海岸の工業地帯を頂上として全米に広がっていることがわかります。これは工業地帯で燃料として使った化石燃料が酸性雨の原因であることを示すものです。

　酸性雨は空から酸が降ってくるのと同じことです。地上の生物、物体はすべて酸の被害を受けます。当然、金属製品は錆びます。すなわち銅像や銅葺の屋根は錆びて緑青を発することになります。世界中の多くの有名な銅像がレプリカに置き換えられ、本物は収蔵庫にしまわれています。

　塩基性（アルカリ性）のコンクリートは溶け出して脆弱化します。もしヒビでもあったらそこから酸性雨が浸み込み、内部の鉄筋を錆

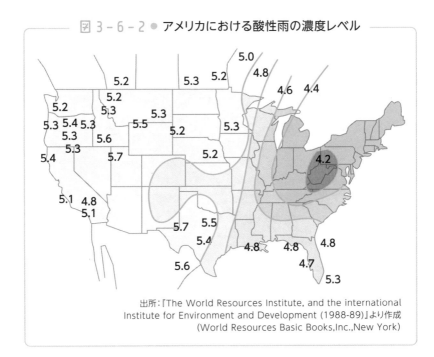

図 3 - 6 - 2 ● アメリカにおける酸性雨の濃度レベル

5.0
5.2
5.3 5.2
4.8
5.2
4.6 4.4
5.2
5.3
5.2
5.3
5.3 5.4 5.3
5.3 5.5 5.2
5.3
5.3 5.6
5.3
5.4 5.7
5.2
4.2
5.1 4.8
5.1
5.7 5.5
5.4
4.8 4.8 4.8
5.6 4.7
5.3

出所:『The World Resources Institute, and the international
Institute for Environment and Development (1988-89)』より作成
(World Resources Basic Books,Inc.,New York)

びさせます。鉄は錆びると膨張しますから、ヒビは広がり、さらに
大量の酸性雨がそこから浸みこみます。

　湖水は酸性となって魚類などの水生生物に大きな被害が出ます。
山間部では植物が枯れる結果、山は裸となり、保水能力を失って洪
水を頻発するようになります。すると山の表面を覆っている薄い肥
沃土が流れ去り、二度と植物は生えなくなります。つまり砂漠になっ
てしまうのです。

　現在、酸性雨の被害として最も心配されているのはこの砂漠化で
す。このように、酸性雨を放置すると、環境が根本から変化する可
能性があるのです。

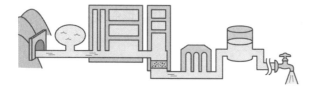

第**4**章

地球の大気の
成り立ちと汚染

4-1

酸素が生まれ、植物の光合成によって生物が進化する

── 地球大気の成り立ち

　地球は今から46億年前に誕生した、とされています。誕生当時の地球大気は宇宙の組成と同じく、水素とヘリウムからできていました。

● 原始地球の大気

　しかし、高温高圧の水素とヘリウムは原始太陽から送られてくる強い太陽風によって吹き飛ばされ、代わって地球の噴火によって噴出された二酸化炭素を主成分とする「原始大気」が地球を覆いました。この時の二酸化炭素の圧力は、なんと100気圧に達したと考えられています。

　その他には水や窒素も含まれていましたが、高濃度の二酸化炭素による温室効果などのため、地球の表面温度は300℃になっていたと考えられます。当然、水は水蒸気となっていました。

　しだいに気温が降下するにつれて水蒸気は雨となって降り注ぎ、40億年前には「原始海洋」が誕生しました。

　この海洋の生成時に生命体も誕生しました。海洋ができると二酸化炭素は海水に溶け、海水中のカルシウムと反応して石灰岩となり、空気中から除かれていきました。

32億年前には光合成を行なう細菌であるシアノバクテリアが誕生し、とくに27億年前には大量発生したため、酸素が盛んにつくられるようになりました。発生した酸素は、初めのうちは海水中の鉄分と反応して酸化鉄として海水中に沈殿していたため、大気中に残る分は微量でした。しかし、20数億年前頃から、大気中にも酸素が混じってきました。それによって地上の鉄が酸化状態になったのは24〜22億年前とされています。

酸素の増加によって**生物も進化**しました。最初はバクテリアのように細胞に核を持たない原核生物でしたが、核を持つ真核生物が誕生し、10〜6億年前には多細胞生物が誕生しました。

やがて大気中の酸素濃度が1%を越えた4億年前には成層圏オゾ

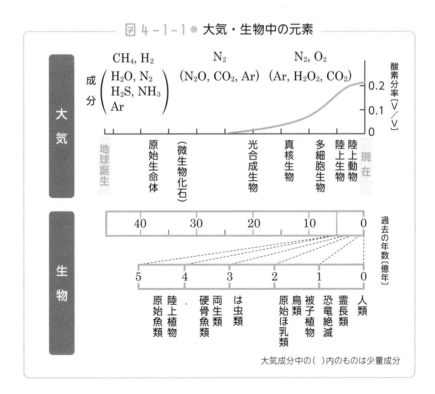

図 4-1-1 ● 大気・生物中の元素

大気成分中の( )内のものは少量成分

ンが形成されました。オゾンは後にオゾンホールの節で見るように、生物に有害な宇宙線を遮ります。つまり生物は危険な宇宙線を避けるために水中に隠れている必要がなくなったのです。すなわち、この頃には陸上生物出現の環境が整えられたと考えられます。

● 植物が誕生する

　3億年前にはシダ植物が大発生し、この**光合成によって酸素濃度は現在より高く30%に達し、その分、二酸化炭素が減少**しました。このため二酸化炭素の温室効果が薄れ、地球は寒冷化していたと思われます。シダ類で枯れた物が石炭に変質しました。

　この時期に爬虫類が出現し、2億5000万年前には恐竜が誕生し、その後1億年前までは恐竜の全盛期でした。同時にこの頃盛んに発生した**海洋プランクトンの死がいが石油の原料**になったものと思われます。

　6500万年前、おそらく巨大隕石の衝突が起こり、恐竜は絶滅します。その後を受けて5500万年前に霊長類が出現し、さらに600万年前には人類の祖先が誕生し、10万年前に現代人の祖先がアフリカを経て世界に広がって現在に至っているのです。

4-2

地球上の大気の90%は 高度20kmまでにある
── 大気の成分と構造

　地球上のほとんどすべての生物は酸素によって物質を酸化し、その化学反応エネルギーで生命活動を営んでいます。大気はその酸素を生物に供給する源として、生物にとって非常に大切な環境ということができます。

● 大気はどんな成分でできている？

　図4-2-1の表は空気（大気）の成分を表わしたものです。空気の成分は質量の約4/5が窒素 N_2 であり、1/5は酸素 O_2 です。しかし、それ以外に水蒸気や希ガス元素のアルゴンArや二酸化炭素 CO_2 など非常に多くの成分が含まれています。ただし水蒸気の濃度は場所や

図 4-2-1 ● 大気に占める「気体の化学式・濃度」

気体	化学式	濃度
窒素	N_2	78%
酸素	O_2	21%
アルゴン	Ar	0.90%
水蒸気	H_2O	0.50%
二酸化炭素	CO_2	360ppm

環境によって大きく変化するので、空気の成分などを考える場合にはふつうは乾燥空気を考えることにして、水蒸気の濃度は含めません。

　現在の大気の成分は前節で見たように長い歴史によってつくり出されたものですが、地球は現在も大気成分をつくり続けています。その最大の要因は「火山の爆発」です。大気中に含まれる微量成分の多くは火山活動によるものです。

　火山爆発によって噴出される噴煙や火山灰は、成層圏にまで達し、太陽光を遮って深刻な作物被害をもたらします。過去に人々を襲った大凶作とそれに伴う飢餓の原因の多くは火山噴火でした。

　また火山ガスには、二酸化硫黄 SO_2、塩酸 HCl、フッ化水素 HF、硫化水素 H_2S など各種の有害ガスが含まれています。

● 大気の構成、そこでの気流、温度はどうなっている？

　地球の表面積の約70%は水で覆われ、そして地球全体は大気で覆われています。

　大気は層をつくって存在しています。地上20kmまでは地球の自転の影響や温度差の影響で、大気が風や対流となって移動するので対流圏と呼ばれます。**全大気の質量の90%は対流圏にある**といわれています。

　しかし、対流圏の厚さは、わずか約20kmに過ぎません。先に見たように、地球を直径13cmの円とすると、対流圏の厚さはわずか0.2mmです。鉛筆の線ほどの厚さもありません。

　私たちはそのように薄い大気層の底で、地球に張り付くようにして生活しているのです。

地上20〜50kmは成層圏と呼ばれます。対流圏とは反対に、高度とともに気温が上昇します。成層圏という名称からは、この層は対流圏のような大気撹拌のある層ではなく、安定した層をつくっているかのような印象を受けます。たしかに対流圏ほどの撹拌はありませんが、かといって完全な成層でもありません。

　成層圏が発見されたのは100年も前のことであり、この頃の報告が名前の由来になったようです。現在では成層圏でも上下の対流はあり、風も吹くことが知られています。

　この層の1つにオゾンホールでよく知られた、オゾンO_3の多いオゾン層が存在します。

　大気の温度は図4-2-2に示したように高度によって変化します。

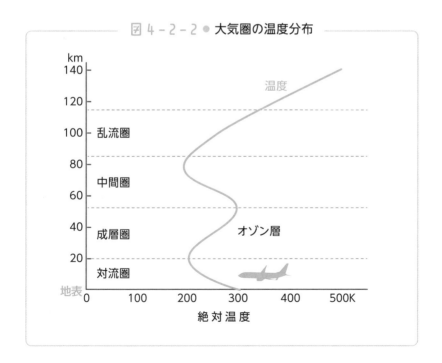

図 4 - 2 - 2 ● 大気圏の温度分布

上空では太陽からの輻射熱を遮るものが無いので高温になっています。今、「高温」といいましたが、少し説明が必要です。

この「温度」とは、分子の分子振動の激しさを表わすものです。いわば、**分子1個の温度**というようなものです。ですから、成層圏に温度計を持って行っても、図にあるような高温を指すわけではありません。

地表に近づいて大気が増えるにつれ温度は下がっていきますが、地上近くになるとまた上昇します。これは太陽によって温められた地表からの輻射熱によるものです。そのほかに、大気中に存在する二酸化炭素などの温室効果ガスが熱を取り込む効果も見逃せません。

かんきょうとかがくの窓

大気成分の分離

酸素 O_2、窒素 N_2 という、空気の成分になっている気体を純粋な形で得るには、空気を**分留**するのが実用的な方法です。分留というのは、液体の成分をその沸点の高低に応じて順次蒸発させることによって分離する方法です。したがって、各成分の沸点が重要になります。沸点は（液体）空気$-190℃$、窒素$-196℃$、酸素$-183℃$です。まず空気を適当な容器にとって冷却していきます。すると温度が$-190℃$より低くなった時点で空気は液化してわずかに青色をした液体空気になります。

次に、この液体空気の温度を上げていきます。すると空気の成分はその沸点に応じて順次、気体に変わっていきます。まず沸点の低い窒素が気体になるので、これを集めます。次に酸素が気体になるので、これを集めます。

最後に残った部分がアルゴン、二酸化炭素、ヘリウムなどの混合物となります。

4-3

地球規模で吹く「偏西風・偏東風」、局地的な台風、竜巻

── 大気の移動

海に海流があるように、大気にも流れがあります。それが風です。**風には地球規模で動く大きなもの**と、局地的な範囲で動く小さなものがあります。また、常に吹き続けているものと、台風などのように気候変化によって短い期間だけ吹くものがあります。

地球的な規模で起こっている風には偏西風と偏東風があります。**偏西風と偏東風は地球の自転と、空気の温度差によって起こる**ものです。

偏西風は中緯度地帯を西から東に向かって吹く風であり、北半球では北東、南半球では南東に向かって吹きます。偏西風は高空で吹いているので航空機が利用します。

それに対して偏東風は赤道地帯の低空を西向きに吹くものです。これは貿易風ともいわれ、昔、帆船航海で利用された風です。

● 熱帯低気圧ハリケーン、台風、サイクロン

熱帯地方から亜熱帯地方で生じた強力な低気圧が高緯度地方に移動するものです。発生する地帯によって、東南アジアで発生する台風、インド洋で発生するサイクロン、メキシコ湾で発生するハリケーンがありますが、同じ性質のものです。台風やハリケーンなど

図 4-3-1 ● 地球の大気の流れ

①③偏西風　②偏東風（貿易風）　④台風　⑤ハリケーン　⑥サイクロン

は、通過地域に多大な損害を与えます。最近は地球温暖化のせいか、激しさが増しているようです。

● 局地風の代表が竜巻、ダウンバースト

地表の大気は片時も休むことなく、常に風となって動いています。そのような風の中で、時折、非常に強い突風となり、遭遇した人や航空機に多大な被害を及ぼすものに竜巻とダウンバーストがあります。

竜巻は局地的な大気の渦です。積乱雲の底からロート状の上昇気流に基づく渦が生じたものが竜巻です。その姿から、日本人は架空の動物である龍をイメージしたようです。竜巻の強力なものは家屋を破壊し、自動車を空中に巻き上げます。アメリカでは毎年数百個

の竜巻が生じ、甚大な被害を与えています。日本でも竜巻被害が生じ始めています。

　積乱雲の上層部には強力な下降気流が発生していますが、これが一気に地上に噴出したものが**ダウンバースト**です。航空機がダウンバーストに巻き込まれると揚力を失い、場合によっては墜落に至ります。

　ダウンバーストが知られるようになったのは1975年のことであり、その発生機構が明らかになったのは最近です。そのため、これまでの航空機事故で「パイロットのミス」といわれたものの中には、ダウンバーストによるものもあるのではないか、といわれています。

かんきょうとかがくの窓

風速

　秋になって台風が発生すると、その勢力が発表されます。中心気圧980ヘクトパスカル、最大風速40メートル……。

　この「風速」とは何でしょう？　これは「風の速さを秒速で表わした数字」です。しかし、自動車の速度は時速です。風速40メートルって、時速にしたらどのくらいになるのでしょうか？

　算数に強い人はすぐにわかるかもしれませんが、要するに秒速を 60×60 倍 $= 3600$ 倍すれば時速になります。しかし、算数が嫌いな人にとっては考えるのもイヤなものです。でも、簡単な方法があります。秒速を4倍して、その答えから1割ほどを引いて、その数字にキロメートルを付ければ**OK**です。

　風速40メートルなら、この概算で $40 \times 4 = 160$、$160 - 16 = 144$ で、約140キロメートルです。高速道路をパトカーに追われているときに、ボンネットの上で受ける風速です。くれぐれも無理をなさらないでください。

4-4

人の健康をおびやかす SOx、NOx、VOC、PM2.5

—— 大気汚染

大気の成分には古来からある物の他に、最近になって産業活動の活発化によって加わった新しい成分もあります。これらは大気環境に新たな問題をもたらしています。

● SOx・NOx

石炭、石油などの化石燃料には、不純物として硫黄S、窒素Nが含まれます。硫黄の酸化物には多くの種類がありますが、それをまとめて SOx（ソックス）と呼ぶことになっています。

3章6節で見たように、SOxは水に溶けると硫酸のような酸になり、酸性雨の原因となると同時に、かつては四日市喘息の原因となりました。SOxの濃度の経年変化を示したのが図4-4-1のグラフです。石油の脱硫装置が一般化したおかげで、減少の一途を辿っているのは嬉しいことです。

硫黄の酸化物SOxに対し、窒素の酸化物を一般に NOx（ノックス）といいます。SOxと同じように、NOxも水に溶けると酸になります。自動車の排気ガスに含まれるNOxの濃度は昭和55年（1980年）以降横ばいを続けているものの、減少はしていないようです。

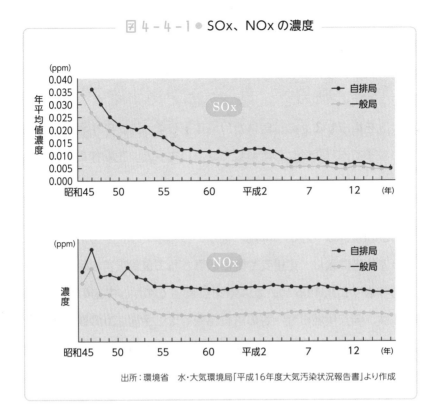

図4-4-1● SOx、NOx の濃度

出所：環境省　水・大気環境局「平成16年度大気汚染状況報告書」より作成

　ガソリン自動車のマフラーには「三元触媒」と呼ばれる特殊な触媒の搭載が義務づけられています。この触媒は一酸化炭素COを二酸化炭素CO_2に酸化し、NOxを窒素N_2と酸素O_2に分解する優れものですが、自動車全体を見るとその効果も限定的なようです。

● VOC、PM2.5、石綿粉塵

　揮発性有機化合物のことをVOC（Volatile Organic Compounds）といいます。化学物質は化学工業の原料だけでなく、反応溶媒、洗浄剤、溶剤として莫大な量が使用されます。

　これら溶媒、洗浄剤、溶剤の多くは揮発性の液体です。その大部

分は使用後に回収され、繰り返し使用されます。しかし家庭用塗料の溶剤のように、その一部は回収のしようもなく大気中に放出され、大気の新しい成分として参加していきます。

　大気を構成するものは気体だけではありません。霧や雲は水の細かい粒子であり、気体の水蒸気ではありません。花粉症の原因になる花粉も大気に混じっています。

　近年問題になっているPM2.5は直径2.5 μm（マイクロメートル，0.0025mm）以下という非常に細かい微粒子です。そのため呼吸によって体内に入り、気管支や肺に吸着されて健康被害を起こす恐れがあります。PM2.5といえば中国が有名ですが、中国の影響については、国立環境研究所等の解析結果では、全国170の観測所のうち、環境基準値を超えた観測所は、多くても3割程度といわれています。

　石綿（アスベスト）は天然に産する鉱物であり、耐燃焼性が高く、価格が安いのでかつて建築資材として多用されました。

　石綿は鉱物の一種ですが、形状が非常に細かいため、空中を浮遊します。この石綿を吸入すると肺の奥深くに進入し、肺胞に突き刺さります。そのまま放置すると後年、肺中皮腫になるなど、生体に深刻な損傷を与える可能性があります。

大気汚染

身近な光化学スモッグ、
将来心配なオゾンホール

── 大気公害

大気が原因になって起こる健康被害について見てみましょう。

夏のよく晴れた日中、外に出ると目がチカチカしたり、呼吸が苦しくなったりすることがあります。それは光化学スモッグによるものです。光化学スモッグは、空気中のNOxが光によって光化学反応を起こして生成したものです。

すなわち、NOxの一種である二酸化窒素NO_2が光エネルギーを吸収して酸素O_2と反応し、一酸化窒素NOとオゾンO_3となります。オゾンは酸化力の強い物質であり、大気中の有機物を酸化して種々の酸化物を生成します。

オゾンを代表とする酸化性の物質を一般に光化学オキシダントといいます。光化学スモッグは種々の光化学オキシダントが相乗して起こす現象なのです。

地球には有害な宇宙線が降り注ぎ、そのままなら生命体が生存することは不可能といわれています。にもかかわらず、生命体が存在するのはオゾン層が宇宙線を遮ってくれているからです。つまりオゾン層は天然の宇宙線バリアーなのです。

ところが、南極や北極のこのオゾン層にオゾンホールという穴が

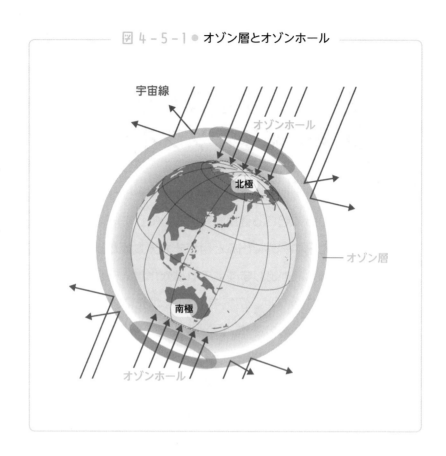

図 4 - 5 - 1 ● オゾン層とオゾンホール

宇宙線

オゾンホール

北極

オゾン層

南極

オゾンホール

空いていることがわかりました。

　調べたところ、原因はフロンであることがわかりました。フロン（フレオン）は、天然には存在しない化合物で、1930年代に、米国で人工的に合成されたものです。

　フロンは沸点が低いため、冷蔵庫やエアコンなどの冷媒、電子デバイスのような精密機器の洗浄剤、発泡ウレタンや発泡スチロールの発泡剤、あるいはスプレーの噴霧剤として大量に用いられ、使用済みのフロンは、大量に大気中に放出されました。このフロンが大気中に拡散され、オゾン層に到達してオゾンを破壊し、オゾン層に

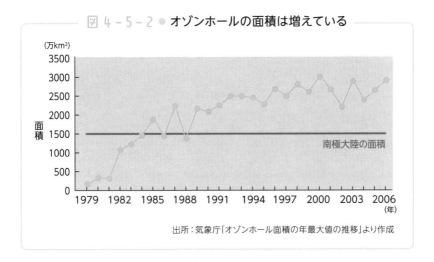

図 4 - 5 - 2 ● オゾンホールの面積は増えている

(万km²)

面積

南極大陸の面積

出所：気象庁「オゾンホール面積の年最大値の推移」より作成

穴を開けた張本人だったのです。

　このような理由により、現在、フロンは製造することも使用することも自粛されました。その結果、大気中に放出されるフロンの量は減少しました。しかし、オゾン層に到達するフロンの量は、ここ数年増加し続けるものと思われます。これは、フロンの分子量（最小のフロン（$CClF_3$）でもその分子量=104）が空気（平均分子量＝28.8）より大きいためです。このため、フロンが大気中を拡散によって上昇してオゾン層に到達するには数年という時間を要するのです。

第**5**章

母なる大地の環境は

——構造と資源と汚染

5-1

生物にとって生きる支えの土壌ができるまでには長い時間がかかっている

—— 地球の構造

　人類は大地に種を撒き、収穫し、大地に共に生きる生物に助けられて生活しています。**大地こそは私たちの生活を支える基盤**です。しかし、私たちが大地と呼んで利用しているのは地球のうちの「地殻」と呼ばれる部分で、地球のほんの一部に過ぎません。

● 地球の構造と成分は？

　地球の誕生は、今から46億年前に遡（さかのぼ）ります。地球は太陽のまわりを漂っていた隕石が集合してできた「地球の素」を中心にして成長したものと考えられています。

　この「地球の素」は小さな隕石から徐々に大きくなり、その結果獲得した大きな引力によって周辺の隕石を引き寄せます。引き寄せられた小さな隕石は「地球の素」に激しく衝突しました。

　その衝突エネルギーによって地球は高熱になり、ドロドロに溶けて液体状になりました。そして重い物質（鉄など）は重力に引かれて「地球の素」の中心へと沈み、軽いものは外側に浮上しました。その結果、**地球は比重による層状構造をもつ**ことになりました。

　図5-1-1は地球の断面図です。地球は半径約6500kmの球ですが、地殻の厚さはわずか30kmしかありません。先ほど、「地球のほん

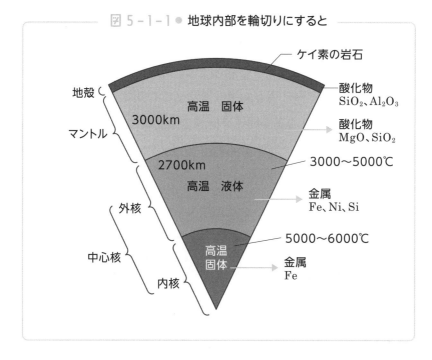

図 5-1-1 ● 地球内部を輪切りにすると

ケイ素の岩石

地殻

高温　固体
3000km

マントル

2700km

高温　液体

外核

中心核

高温
固体

内核

酸化物
SiO_2、Al_2O_3

酸化物
MgO、SiO_2

3000〜5000℃

金属
Fe、Ni、Si

5000〜6000℃

金属
Fe

の一部」といったのはそのためです。

　地球を直径13cmの円だとしたら、地殻は0.3mmに過ぎません。卵の殻よりも薄いものです。

　地殻よりも内側にあるマントルは深さ3000kmに達する厚い層であり、マントルの下側には中心核と呼ばれる高温部分があり、外核と内核に分けられます。外核の温度は3000〜5000℃であり、高温の液体状です。内核の温度はさらに高く、太陽表面温度に近い6000℃に達しますが、高圧・高密度になっているため、固体状になっていると考えられています。

　地球の内部がこのように高温になっているのは、今も地球誕生時の熱が残っているためでしょうか？ そうではありません。隕石の衝突による熱は、とうの昔に宇宙空間に放散されてしまっています。

現在の熱は、**地球内部に存在するウランやラジウムなどの放射性元素の原子核崩壊**によるものです。

　地球の自然界に存在する元素の種類は、わずか90種類ほどにすぎません。図5-1-2の表は地球を構成する元素を、その存在量の順に示したものです。左の列は地球全体のものであり、右の列は地殻のものです。

——— 図 5 − 1 − 2 ● 全地球と地殻での元素割合の比較 ———

全地球			地殻		
元素		存在量(%)	元素		存在量(%)
鉄	Fe	32	酸素	O	47
酸素	O	30	ケイ素	Si	28
ケイ素	Si	15	アルミニウム	Al	8
マグネシウム	Mg	14	鉄	Fe	5
イオウ	S	3	カルシウム	Ca	4

　地球全体で見ると、中心核の主成分の1つである鉄の存在量が大きく、これを見る限り、**地球は「水の惑星」ではなく「鉄の惑星」**といってよい状態です。

　次いで多いのが酸素ですが、けっして私たちに馴染の深い酸素の状態をいうものではありません。この酸素は気体ではなく、酸化物として存在しています。たとえば鉄鉱石は酸化鉄Fe_2O_3ですが、その成分の重量比は鉄Feが70%ですが、残り30%は酸素となっています。

　その次に多いのはケイ素（シリコンともいう）であり、さらにマグネシウムがケイ素と同じくらいに存在します。

1
|
1

地球の構造

一方、地表ではどうでしょうか。圧倒的に多いのが酸素です。これは、地殻は大気に近いため、空気中の酸素による酸化が進むことに由来します。その次がケイ素であり、3番目はアルミニウムと、軽い元素が多くなっています。これは地球が液体状態だった時に比重によって層状構造になったことの結果です。

● 大地はどんな物質でできているのか？

　私たちの住む陸地を構成するものは、水を除けば、岩石と砂と土です。これらの関係はどうなっているのでしょうか。

　地殻を構成する物質の基本は鉱物と岩石です。この2つはどう違うのでしょうか？ それは、

　　・鉱物……一定の化学組成を持っており、内部が均質なもの

　　・岩石……化学式が一定ではなく、均質でないもの

という違いがあります。

　岩石には、そのでき方によって火成岩、堆積岩、変成岩の三種があります。

　火成岩はマグマが地表に現れて冷却され、固化してできた岩石で、いわば1次生成物です。

　堆積岩は火成岩が風雨によって風化し、細かい粒子となって水に運ばれ、やがて堆積して固化してできた岩石です。2次生成物です。先に見たシェールガスの頁岩などがその例です。

　変成岩は、火成岩や堆積岩が地球の造山運動によって加熱されたり、加圧されたりしてできた岩石です。3次生成物です。

　岩石が風化して細かくなると土壌となります。磁器の原料として重要な粘土の一種、カオリナイト（カオリン、陶土）は変成岩であ

る花崗岩が風化したものです。

　しかし、土壌は岩石の風化したものだけでできているわけではありません。土壌中には木材や葉などの有機物の腐食した物など、種々の物が混じり込んでいます。そのため、土壌は保水性に優れ、生物にとって重要な種々の栄養成分の保管の役目を果たすことができます。

　このような土壌に根を張って生活した生体は倒れた後、朽ちてまた有機物となり、土壌を豊かにするのです。土はこのような営みの結果つくり上げられた産物なのです。このように「土」は決して無機物だけでできているのではなく、無機物と有機物の混合物なのです。

　山は土の塊のように見えます。しかし決してそうではありません。山は実は岩石の塊なのです。土壌はその上に薄く積もった物で、場合によっては2 ～ 30cm程度しかありません。土はそこに生えた植物によって定着されているのであり、酸性雨などで植物が枯れると、肥沃な土壌は洪水によって流出します。

　岩石がむき出しになった山に、また土壌が戻るのは気が遠くなるほど後のことでしょう。その前に砂漠化が進行するかもしれません。そうなったら、山に土が戻ることは二度となくなるでしょう。

プレートはマントルによって
生まれ、またマントルに戻っていく
── 地球の運動

　大地は磐石のように動かないように見えますが、決してそうではありません。近い将来、東海大地震が起こると予想され、さらに、遠い将来には大陸そのものが形を変えると考えられています。大地もまた変転するのです。

　現在の地球の陸地はユーラシア大陸や南北アメリカ大陸、アフリカ大陸など、いくつかの大陸や島からできています。しかし、数億年前には、地球上には唯一つの大陸、**パンゲア**しか存在しなかったと考えられています。

　それがなぜ、現在のような地球の姿になったのか？ それを明らかにしたのが**プレートテクトニクス理論**です。この理論は、ドイツの地球物理学者A.R.ウェゲナーが1912年に「大陸移動説」として発表したものです。しかし長い間、荒唐無稽の空論として無視されてきました。ところが、現在ではプレートテクトニクス理論として誰しもが認める説となっているのです。

　この理論によれば、現在の陸地はパンゲアがいくつにも分裂したものであり、各陸地と海洋はそれぞれプレートと呼ばれる岩盤に乗っています。プレートは全部で十数枚ありますが、厚さは

第5章　母なる大地の環境は ── 構造と資源と汚染

図5-2-1 ● 世界のプレート

北アメリカプレート

ユーラシアプレート

北アメリカ
プレート

カリブプレート

ココス
プレート

アラビア
プレート

フィリピン海
プレート

太平洋
プレート

太平洋
プレート

ナスカ
プレート

南アメリカ
プレート

アフリカ
プレート

インド・オーストラリア
プレート

南極プレート

100kmほどです。

　プレートはマントルに乗っています。マントルは固体ですが、決して未来永劫動かないほど強固なものではなく、同じ方向からの力を永く受け続けると、ついには変形を起こします。これがプレート移動の原因と考えられています。プレートは互いに複雑な動きと変形を繰り返し、その結果、現在の地球の姿ができたのです。

　プレートは永遠に存在するものではありません。**プレートにも誕生と消滅があります。**プレートは海底の大山脈である海嶺で誕生します。海嶺の中心には中軸谷（リフトバレー）と呼ばれる割れ目があり、ここから地中のマントルがせり出してきます。このマントルが海水で冷やされてプレートとなるのです（図5-2-2）。

　これに押されるようにして移動したプレートは、再びマントルに

地球の運動

106

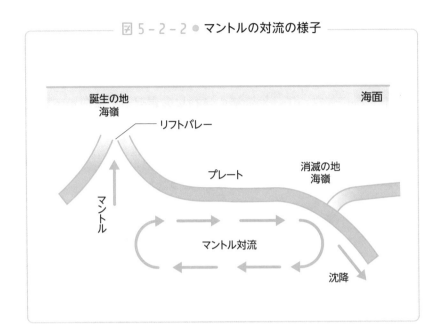

図 5-2-2 ● マントルの対流の様子

誕生の地
海嶺

海面

リフトバレー

プレート

消滅の地
海嶺

マントル

マントル対流

沈降

沈みこんで消えていきます。この場所が海底のとくに深い部分、海溝と呼ばれる部分です。

　地震は自然災害の中でも、人間の生活に非常に大きな被害を与えるものです。そして地震が沿岸部、あるいは海底で起こると津波が発生し、沿岸地帯にさらに多大の被害を与えることになります。2011年に起こった東日本大地震がそのよい例です。

　地震の原因は大きく分けて2つあると考えられます。

　1つはプレート移動に伴うものです。上で見たように、**プレートは海中の海嶺で生まれ、海溝でマントルに入って消滅**します。

　つまり、海溝では1つのプレートが他のプレートの下に潜り込むことになります。このとき、他のプレートも引きずり込まれる形になってプレートにひずみが生じます。そしてひずみが限界に達したとき、プレートは跳ね返るように元に戻り、それまでに溜まったひ

ずみエネルギーを放出します。これが巨大地震になるのです。

　もう1つの地震の原因は、活断層に基づくものです。活断層は最近200万年以内に地震を起こしたことのある断層をいいます。プレート移動に伴なって、活断層のまわりの岩盤も年に数mm程度の移動を行なっています。

　そして、そのための歪エネルギーが限界に達すると、活断層の両側で岩盤の急激な移動が起こり、地震につながるのです。

かんきょうとかがくの窓

プレートテクトニクス理論

　世界地図を見ると、複雑な形のいくつかの大陸が存在します。ところが、これらの大陸がかつてはひとつの巨大な大陸であり、それが分離して移動した結果、現在のような配列と形をとるようになった、というのがプレートテクトニクス理論です。

　この説はA.R.ウェゲナーによって 1912年に提唱されました。大西洋を挟んで向かい合う南北アメリカ大陸とヨーロッパ・アフリカ大陸の海岸線の凹凸が一致するように見えることなどが主な根拠になりました。しかし、この学説はその原動力をうまく説明することができなかったため、当時の学界では受け入れられず、やがて見捨てられてしまいました。

　第2次世界大戦後になって「磁極の移動」などの研究が現れると、大陸が移動したという考え方が妥当なことがわかり、ウェゲナーの大陸移動説が復活しました。大陸の大規模な移動はマントル内の熱対流（マントル対流）に原因があると見られています。

料金受取人払郵便

牛込局承認

9258

差出有効期間
2025年11月5日
まで

（切手不要）

郵 便 は が き

162-8790

東京都新宿区
岩戸町12レベッカビル
ベレ出版

　　読者カード係　行

ⅠⅡⅡ·ⅠⅡⅡⅡⅡ·ⅡⅡⅠ·ⅠⅡⅠⅠ·Ⅰ···Ⅰ·Ⅰ·Ⅰ·Ⅰ·Ⅰ·Ⅰ·Ⅰ·Ⅰ·Ⅰ·Ⅰ·Ⅰ·ⅠⅠⅠ·Ⅰ

お名前		年齢
ご住所　〒		
電話番号	性別	ご職業
メールアドレス		

個人情報は小社の読者サービス向上のために活用させていただきます。

ご購読ありがとうございました。ご意見、ご感想をお聞かせください。

● **ご購入された書籍**

● **ご意見、ご感想**

● 図書目録の送付を　　　　　　　　　☐ 希望する　　☐ 希望しない

ご協力ありがとうございました。
小社の新刊などの情報が届くメールマガジンをご希望される方は、
小社ホームページ（https://www.beret.co.jp/）からご登録くださいませ。

5-3

どのようにして化石燃料が生まれたかさえ、まだわかっていない

—— 埋蔵資源

　大地は私たちにいろいろのものを恵んでくれます。鉄、銅、金などの各種金属はもとより、石炭、石油、天然ガスという化石燃料も大地の恵みといえるでしょう。

　金属はわれわれの生活に欠かせません。図5-3-1の表は地殻に存在する元素をその存在量（％）の順に並べたものであり、作成者の

図 5 - 3 - 1 ● 地殻に存在する元素の順位を示すクラーク数

順位	元素	クラーク数	順位	元素	クラーク数
1	酸素	49.5	14	炭素	0.08
2	ケイ素	25.8	15	イオウ	0.08
3	アルミニウム	7.56	16	窒素	0.06
4	鉄	4.70	17	フッ素	0.03
5	カルシウム	3.39	18	ルビジウム	0.03
6	ナトリウム	2.63	19	バリウム	0.03
7	カリウム	2.40	20	ジルコニウム	0.023
8	マグネシウム	1.93	21	クロム	0.02
9	水素	0.83	22	ストロンチウム	0.02
10	チタン	0.46	23	バナジウム	0.015
11	塩素	0.19	24	ニッケル	0.01
12	マンガン	0.09	25	銅	0.01
13	リン	0.08			

名前をとってクラーク数と呼んでいます。

　地殻中に存在する量が多ければ、その元素は採掘しやすいかといえば、決してそうとは限りません。たとえば、存在量23番のバナジウムVと25番の銅Cuの存在量は似た値です。しかし、銅のように鉱床<ruby>こうしょう</ruby>をつくる金属は一か所にまとまって産出するので採掘しやすく利用しやすい元素です。それに対してバナジウムは鉱床をつくらず、低濃度で広く存在するので、まとまった量の採掘は困難です。

　比重が約5より小さい金属を軽金属、それより大きい金属を重金属といいます。ナトリウムNa（比重0.97）やアルミニウムAl（2.7）は軽金属であり、鉄Fe（7.8）や鉛Pb（11.3）は重金属です。重金属の中には有害なものがあり、取り扱いには注意を要します。そのような金属として注目されるものに、鉛Pb、水銀Hg、カドミウムCd、タリウムTlなどがあります。ウランUやトリウムThなどは放射性元素として重要な資源ですが、毒性からいえば間違いなく有毒金属です。

● レアメタル・レアアース

　金属の中には、世界的には必ずしも不足していないけれども、日本には少ない物があります。政府はその中でもとくに日本の科学産業にとって重要な金属元素55種類をレアメタル（希少金属）として指定しました。

　そのうち17種類は化学的に似た性質の元素であり、とくに希土類（レアアース）といわれる元素群です。

　レアアースは発光性、磁性などを持ち、またレーザー発振機能を持つなど、まさしく現代科学の申し子のような金属です。それ以外

図 5-3-2 ● レアメタル、レアアース

1	2	3	4	5	6	7	8	9	10	11	12	13	14	15	16	17	18
H																	He
Li	Be											B	C	N	O	F	Ne
Na	Mg											Al	Si	P	S	Cl	Ar
K	Ca	Sc	Ti	V	Cr	Mn	Fe	Co	Ni	Cu	Zn	Ga	Ge	As	Se	Br	Kr
Rb	Sr	Y	Zr	Nb	Mo	Tc	Ru	Rh	Pd	Ag	Cd	In	Sn	Sb	Te	I	Xe
Cs	Ba	ランタノイド	Hf	Ta	W	Re	Os	Ir	Pt	Au	Hg	Tl	Pb	Bi	Po	At	Rn
Fr	Ra	アクチノイド	Rf	Db	Sg	Bh	Hs	Mt	Ds	Rg	Cn	Nh	Fl	Mc	Lv	Ts	Og

凡例：
- レアメタル
- レアアース（レアメタルに含まれる）
- PGM（白金系レアメタル）

ランタノイド → La Ce Pr Nd Pm Sm Eu Gd Tb Dy Ho Er Tm Yb Lu

アクチノイド → Ac Th Pa U Np Pu Am Cm Bk Cf Es Fm Md No Lr

2020年10月現在の経済産業省「レアメタル」の定義による

の38種のレアメタルは鉄の合金などとして、硬度、耐腐食性、耐熱性を上げるためなど、主に構造材の性能向上のために用いられています。

レアアースは世界中で産出し、日本でも産出しますが、放射性元素が付随するなどして精錬が困難であり、現在市販されている物はほとんどが中国製となっています。

●「化石燃料とは何か」がまだよくわかっていない

ところで、太古に成育した生物が変質して燃料になったものを化石燃料といい、石炭、石油、天然ガスがその主なものです。これらは有限の資源であり、いつかは枯渇する運命にあります。しかし、その正確な埋蔵量は不明であり、したがって、あと何年使い続ける

ことができるかも不明です。

　一般に"埋蔵量"といわれる量は"可採埋蔵量"であり、現在わかっている埋蔵量のうち、「採掘可能な埋蔵量」のことです。これを現在の消費ペースで使っていった場合、あと何年もつか、というのが可採年数になります。

　したがって、将来新しい埋蔵資源が見つかり、採掘技術が進歩し、さらに省エネ技術が発達すれば、可採埋蔵量と可採年数はいくらでも増加する可能性があることになるのです。

—— 図 5-3-3 ● 石油、石炭、天然ガス、ウランの埋蔵量など ——

	石油	天然ガス	石炭	ウラン
確認可採埋蔵量	1兆7297億バレル*	197兆m³ *	1兆548億トン*	614万トン**
可採年数	64年	62年	218年	166年

出所：＊は「BP統計2019」、＊＊はOECD・JAEA（Uranium2018）を改変

　日本人は小学生の頃から、石油は微生物の死がいが地熱と地圧で変化してできた物だという有機起源説を教えられています。しかし、石油がどのようにして生じたかについてはいくつかの説があります。

　外国では、石油は地下の化学反応で生じるという無機起源説を教えられている国もあるといいます。

　これは炭化カルシウム、カーバイドCaC_2が水と反応すると炭化水素、アセチレンC_2H_2が生成するような反応です。アセチレンは燃えやすい気体で、酸素との混合物を燃やした酸素アセチレン炎は3000℃近い高温になるため、鉄の溶接に使われます。

　エチレンが重合するとポリエチレンになるように、アセチレンが

重合すると伝導性高分子として有名なポリアセチレンになります。このような物が変質して石油になったというのです。この説に従うと、石油は現在も生成しつつあることになり、石油の量は無尽蔵ということになります。

$$CaC_2 + H_2O \rightarrow C_2H_2 + CaO$$

今世紀の初めに、米国の有名な天文学者トーマス・ゴールドが、惑星が誕生する時にはその中心部分に膨大な量の炭化水素ができるという学説を発表しました。この炭化水素が比重によって地表にしみ出す時に、地熱と地圧で変化して石油になるというのです。この説に従っても石油の量は無尽蔵です。

他にも、微生物生成説があります。日本の若い研究者が中心になって新種の微生物を発見しました。この微生物は二酸化炭素を食べて石油を生産します。その石油は品質がすぐれ、精製せずにそのまま内燃機関の燃料に使うことができるといいます。

この微生物を培養すれば工場のタンクで石油をつくることができることになります。テストプラントは既に稼働しており、よい成績を収めているといいます。

5-4

地中に廃棄される
プラスチックゴミ、重金属類

── 土壌汚染

　農業に限らず、すべての生産活動は大地の上で行なわれます。そのため、生産活動の結果生じた副産物、廃棄物などの一部は地中に排出されることになりがちです。

　地中に排出された有機物の多くは、地中の細菌によって分解されます。しかし、なかには分解されにくいものもあります。プラスチックは分解されにくい有機物の代表的なものです、実際、土中に放棄されたポリバケツは環境汚染の象徴のように扱われてきました。それが最近では、バクテリアで分解される「生分解性高分子」も開発

図 5-4-1● 環境にやさしい生分解性プラスチックの普及を

されています。

　DDTやBHCで見たように、有機塩素化合物も分解されにくい物質の1つですが、このようなものとして精密電気部品の洗浄やクリーニングに使われたトリハロメタンやトリクロロエチレンなどがあります。これらは発がん性も疑われる危険物質です。

　2018年に問題化した東京築地市場の豊洲移転の際に明らかになった豊洲のベンゼン汚染は、以前この場所にあったガス会社による土壌汚染によるものでした。同じような問題は、工場跡地を宅地に転換する場合、必ずのように起きています。

　工場や家庭から出た廃棄物は、不燃性の物はそのまま埋め立て投棄され、可燃性の物は燃焼処理されます。燃焼処理しても灰や不燃物は残り、それらは、地中に埋め立て投棄されます。

　これらの埋め立て投棄されるゴミの中には重金属類が混じっていることがあります。重金属類は燃焼によって酸化され、水に溶けやすい状態になる物もあります。そのような物は地下水に溶け出しますが、あるものは地表や川にしみ出して環境循環に組み込まれることになります。

　先に見た富山県神通川流域で起こったイタイイタイ病は、神通川に廃棄されたカドミウムが神通川流域の土壌にしみ出して起こした土壌汚染が原因でした。

5-5

急速な砂漠化の原因は何か、どう食い止めるかが喫緊の課題

—— 緑地の砂漠化

　昔は「月の砂漠をはるばると〜♫」という具合に、砂漠にロマンを感じることもあったようですが、現在は残念ながら砂漠のロマンは吹っ飛んでしまっているようです。

● 砂漠化が進む地球環境

　砂漠とは、「雨が降らず、砂に覆われた場所」と漠然と感じているぐらいだ思いますが、具体的には年間降雨量が250mm以下の地域、または降雨量よりも蒸発量の方が多い地域を砂漠と呼んでいるようです。

　現在では、**全地球の陸地の4分の1は砂漠**なのです。最も広いサハラ砂漠の面積は日本の25倍もあります。その上、砂漠はさらに広がりつつあり、毎年、日本の面積（37万8000km²）の3分の1ずつ、つまり北海道と四国を足した分が砂漠化しつつあると聞いたら、ただ事ではないと思うのではないでしょうか？

　現在進行しつつある砂漠化の原因は、3章6節で見た酸性雨のように人為的な要素が大きいといわれています。先に、酸性雨以外の原因を見てみましょう。

　まず、「塩類の集積」があります。ここでいう塩は食塩（塩化ナ

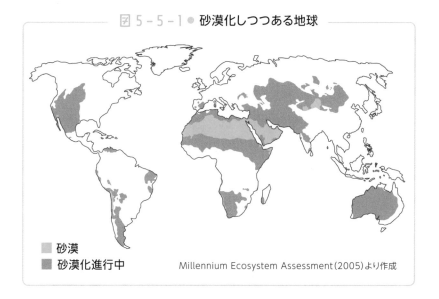

図 5-5-1 ● 砂漠化しつつある地球

■ 砂漠
■ 砂漠化進行中

Millennium Ecosystem Assessment (2005)より作成

トリウムNaCl）だけでなく、各種の金属イオンを含む無機化合物のことをいいます。

　したがって、各種の化学肥料も塩類の一種ということになります。このような塩類が特定地域に高濃度に溜まることを塩類集積といいます。

　塩類は化学肥料の使いすぎや海水面上昇に伴う塩水の上昇など、いろいろの原因によって地表に集まってきます。

　被害が深刻になった場合には、地表面の所々に塩類が白い結晶として現れます。こうなると植物は害を受けて生育しなくなり、最終的には砂漠となります。

　こうした環境を改善するのは非常に難しく、塩類集積が現れてしまった後の対策としては、

①水を溜めて塩分を溶かし出す

②土を入れ換える（客土）

③トウモロコシのように、肥料を吸収する力の強い作物に塩類を吸収させる

などがありますが、いずれも費用と時間が必要となります。

　砂漠化の人為的な要因としては、ほかにも、耕作のし過ぎによる塩類集積、放牧のやり過ぎによる草の枯渇、森林伐採による保水力の低下などがあげられます。

　しかしそれは表面に現れた原因であって、この問題の背後には急激に増える人口問題があります。

　世界人口はすごい勢いで増加しています。1950年には25億人だったものが2000年には61億人、2020年現在は77億人です。そして、このままでいくと、2030年には85億人、2055年には100億人を突破するだろうと予測されています。

　これだけの人口を養うにはそれだけの農産物が必要となります。そのため農地が酷使されることになり、結果的に土壌の劣化、塩類集積などが起きて、徐々に土地が砂漠化していくのです。

　砂漠と聞けば、アフリカや中近東、中国内陸部の話と思っていたかもしれません。しかし、北アメリカなどの、緑で覆われていた場所でも、大規模農業を行なっている地域では確実に砂漠化が進んでいます。

● 砂漠の緑化は可能か？

　地球上の陸地に占める砂漠の面積は年々拡大しています。緑地の砂漠化を食い止める手段、さらには砂漠を緑地に立ち返らせる手段は無いものでしょうか。

化学的な緑化の方法に、高吸水性樹脂の利用があります。高吸水性樹脂とは紙オムツの成分のことをいいます。この樹脂はプラスチックの一種であり、自重の1000倍を超す重量の水を吸収できる物もあります。

　この高吸水性樹脂を砂漠に埋め、十分な水を吸収させたうえで、その上に植物を植えるのです。このようにすれば給水間隔を長くすることができ、灌水の労力と費用を軽減することができます。

　砂漠といえば砂丘がつき物ですが、砂漠でいちばん困るのは砂丘といえます。砂丘は風によって移動します。そのため、植物を植えても根が露出して倒れたり、逆に植物が砂に埋もれるなどして枯れてしまいます。

　これを食い止めるためには、樹木が繁茂するまでの間、砂の移動を食い止めることが重要です。そのために考案されたのが「草方格」です。草方格は、麦わらなどの草や灌木の枝を碁盤の目状に地中に挿すことで砂の移動を抑えるもので、一種の砂防工法です。

　草方格内に最初に植える植物は、根粒バクテリアによって空中窒素の固定を行なうマメ科植物が向いている、とされます。マメ科植物がある程度生い茂れば、土壌中の窒素分が増えて地味が増すというわけです。草方格によって砂丘の移動が食い止められ、土壌中に窒素分が増えれば、砂漠化の進行を阻止することも可能となるというのです。

第 5 章

母なる大地の環境は —— 構造と資源と汚染

119

第6章

人口爆発、食糧危機に どう対応するのか

6-1

もし、世界中の人口が今の1/10だったら、環境問題は発生していない？

── 77億人の人口

　現在の環境問題のいちばんの問題点は「人口問題」です。大気環境、水環境、大地環境、すべてが固有の問題点を抱えています。しかし、翻って考えてみればいちばんの問題は、誤解を恐れずにいえば「人口が多すぎる」ことではないでしょうか？

　本書では、ここまでに基本的な環境問題を列記してきました。しかしもし、地球上の人口が今の10分の1だったとしたら、そのような問題は起きていたでしょうか？　小さいパイ（地球）に多すぎる人間が押し掛ける。現代の環境問題の基本はそこにあります。

　これだけ多くなった人口を養い続けるためには、どうすればよいのでしょうか？　その基本的な問題はそれだけの人口を養うための食料をどうすれば調達できるのか、その結果、必ず生じるであろう環境問題をどのようにして解決するのか、ということです。

　世界人口は長い間、緩やかな増加を続けてきましたが、19世紀末から21世紀にかけて、突如、「人口爆発」と呼ばれるほどのスピードで急増しました。

　図6-1-1は世界人口の経年変化を表わしたものです。西暦1年頃に約1億人（推定）だった人口は、1000年後に約2億人（推定）

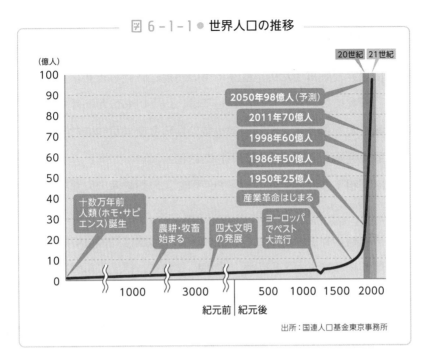

図 6-1-1 ● 世界人口の推移

(億人)

100
90　2050年98億人(予測)
80　2011年70億人
70　1998年60億人
60　1986年50億人
50　1950年25億人
40　十数万年前　産業革命はじまる
30　人類(ホモ・サピ
20　エンス)誕生　農耕・牧畜　四大文明　ヨーロッパ
10　　　　始まる　の発展　でペスト
0　　　　　　　　　　　　大流行

1000　3000　　500 1000 1500 2000
紀元前｜紀元後

20世紀　21世紀

出所：国連人口基金東京事務所

となりました。およそ1000年かけて2倍になったのですが、その900年後の1900年には、世界人口は約16億5000万人にまで増えました。16倍です。

　問題はその後です。とくに第二次世界大戦後における人口の増加は著しく、1950年に25億人を突破したと思うと、50年後の2000年には2倍以上の約61億人にまで爆発的に増加し、さらに10年後の2011年に70億人を突破したのです。現在は77億人であり、2055年には100億人を越えると予想されています。

　しかし世界の人口増加率は1965〜1970年の2.06%をピークとして増加率そのものは減少し続けています。もちろん、一定期間、人口増加は続くと思われますが、当面、人口爆発の危機は遠のいたとされています。

第6章

● 人口爆発の原因は何か？

　人口爆発が始まったのは産業革命の時期と一致します。産業革命が人口爆発につながった理由としては、以下のものがあげられます。

①工業生産が増大し、貿易で他地域の食料と交換可能になったこと

②医療が発達して死亡率が低下したこと

③化学肥料・農機の生産や、電力使用により穀物産出力が高まったこと

　化学肥料の誕生以前は、単位面積あたりの農作物の量に限界があり、農作物の増産が人口の増加に追いつかず、結果（飢餓）として人口増加に歯止めがかかっていました。

　しかし、次節で述べる「ハーバー・ボッシュ法」による窒素系化学肥料の誕生により、人口増加に耐えうる生産量を確保することが可能となりました。

　また、都市化による人口移動が出生を増大させたという見方もあります。つまり、産業革命以後、都市への人口集中が加速すると、若年労働者が農村を離れ大量に都市へ集中することになりました。農村におけるさまざまな道徳・文化・制度的な制約を離れた若者は、都市においてたくさんの子どもを出生することになったといいます。このため、都市では流入人口と共に自然増の人口も増大したというのです。

　この見方は人口増という、一見、機械的な現象に人間のモラル、社会規範が関係しているということで、重要な視点を与えてくれるのではないでしょうか。

6-2

人類を飢餓から救った人工的な「空中窒素の固定」とは？

―― ハーバー・ボッシュ法

人口増加のもたらすいちばんの問題は「食糧問題」です。残念ながら、人間は食料なしで生きながらえることはできないしくみになっています。人口が増えたら、それに見合うだけの食糧増産が不可欠です。そして食料の中でもとくに重要なのは主食といえます。

● 三大栄養素の中でも「窒素」がいちばん重要

人間は雑食動物とはいっても、主食は穀物です。もちろん、穀物だけではなかなか満足できませんが、**穀物さえあれば飢えることはない**、というのも事実です。

穀物は植物です。植物に必要な栄養素は17あり（「必須要素」という）、その中でも三大栄養素と呼ばれる非常に大切な栄養素があります。それが「窒素N、リンP、カリ（カリウム）K」の三種です。

窒素Nは茎や葉を大きく育てる働きがあります。このため「葉肥（はごえ）」と呼ばれることもあります。さらに、植物の体をつくるために必要なタンパク質、光合成のための葉緑素などに必要な栄養素です。

このため、**窒素は三大栄養素の中でも最も大切な栄養素**とされています。

そして、リンPは花の開花や実をよくする栄養素であり、カリウ

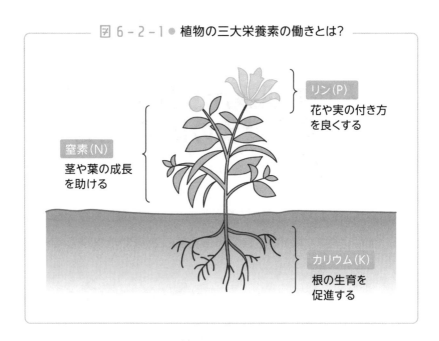

━━ 図 6 - 2 - 1 ● 植物の三大栄養素の働きとは? ━━

リン (P)
花や実の付き方
を良くする

窒素 (N)
茎や葉の成長
を助ける

カリウム (K)
根の生育を
促進する

ムKは根の生育をよくする働きがあります。

　この窒素分子 N_2 は空気の80%近くを占めるものですから、本来なら資源としては無尽蔵といえるものです。

　ところが、マメ科植物を除く他の植物は、窒素分子、すなわち「**空中窒素**」をそのまま肥料として利用することができません。アンモニア NH_3、あるいは硝酸 HNO_3 などの分子の形にしなければ、植物の中にとり込めないのです。これを「**空中窒素の固定**」といいます。

● **空気からパンをつくった男**

　自然界では、空中窒素の固定を行なっています。1つは生体中の酵素を利用した方法です。しかし、これを行なうことのできる植物は限られており、先ほど述べたマメ科の植物くらいのものです。

　他には電気スパークであり、すなわち雷、稲妻です。電気スパー

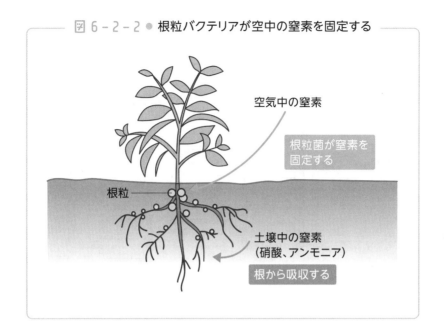

図 6-2-2 ● 根粒バクテリアが空中の窒素を固定する

空気中の窒素

根粒菌が窒素を
固定する

根粒

土壌中の窒素
（硝酸、アンモニア）

根から吸収する

クによって窒素が酸素と反応して NOx となり、それが水に溶けて硝酸塩となって土壌に固定されます。雷の光を稲妻と呼び、「稲の奥さん」というのはこのような背景があるからです。昔から、**稲妻の多い年は豊作**になるというのはこのようなカラクリのせいです。

ところが、この「空中窒素固定」を人工的にやってのけた男が現れたのです。ドイツの2人の科学者フリッツ・ハーバー（1868〜1934）とカール・ボッシュ（1874〜1940）です。

2人は空気中の窒素ガス N_2 と、水の電気分解で得た水素ガス H_2 とを触媒存在下、温度 400〜600℃、圧力 200〜1000 気圧という高温高圧で反応させ、アンモニア NH_3 を合成することに成功しました（図6-2-3）。

人工的な「空中窒素の固定」は人類史に残る偉業です。この方法は2人の名前をとって、**ハーバー・ボッシュ法**と呼ばれ、2人は後年、

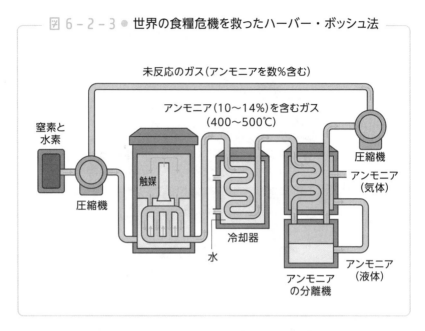

図 6 - 2 - 3 ● 世界の食糧危機を救ったハーバー・ボッシュ法

カール・ボッシュ

フリッツ・ハーバー

ノーベル化学賞を与えられました。

　ハーバー・ボッシュ法の意義は、化学肥料を誕生させたということです。アンモニア NH_3 があれば硝酸 HNO_3 をつくるのは簡単です。硝酸があれば、硝石（硝酸カリウム）KNO_3、硝安（硝酸アンモニウム）NH_4NO_3 をつくるのは造作の無いことです。

硝石も硝安も分子中に窒素原子Nを持っています。つまり植物に対する窒素源、すなわち窒素肥料、化学肥料になるのです。かくして地味の痩せた土地でも、これらの化学肥料を撒けば、作物は実り、穀物を収穫してパンを焼くことができるようになりました。

このため、ハーバーとボッシュは**空気からパンをつくった**といわれたのです。このハーバー・ボッシュ法によって、後世、数十億もの人類が飢えから救われたことを思うと、彼らの功績は評価のしようもありません。

かんきょうとかがくの窓

ハーバー・ボッシュ法と二人の人生

ハーバーとボッシュは偉大な人でしたが、その晩年は幸福なものとはいえなかったようです。2人が活躍したのは20世紀初頭のドイツであり、ヒトラーの時代でした。しかも2人はユダヤ系でした。

第1次世界大戦が始まると、ハーバーはヒトラーから毒ガス兵器の開発を命じられ、塩素ガスでそれに応えました。塩素ガスは実戦に用いられ、人類初の毒ガス兵器として有名になりました。

ハーバーは1918年にノーベル賞を受賞しています。ところがナチスが支配したドイツでは、ハーバーをユダヤ人であることを理由に国外追放にしたのです。ハーバーは最期まで最愛の国ドイツに迎え入れられることなく、ドイツとはライン川を挟んで目と鼻の先のスイス・バーゼルでその一生を失意のうちに終えました。

一方、ボッシュは当時世界最大の総合化学会社IGファルベンの会長になり、1931年にはノーベル賞を受賞しました。しかし、ハーバー同様、ヒトラーと意見が合わず、晩年は恵まれない境遇の中でお酒に浸るような生活を送ったといいます。

6-3

強力な爆薬に道を開き、世界大戦を招いた

── ハーバー・ボッシュ法の功罪

　ハーバー・ボッシュ法は、前節で述べたように、「空気からパンをつくる」ということに成功し、人類を食糧危機から救いました。素晴らしい功績ですが、同時に恐ろしい物質をつくることにもつながりました。それが「爆薬」です。この爆薬の誕生は、世界的な大戦争をも可能にするものでした。

　爆発は燃焼の一種ですが、通常の燃焼と違うのは、「高速で進行する燃焼」という点です。物質が燃焼するためには、酸素Oが必要です。ふつうの燃焼では、酸素は空気の酸素ガスO_2を用います。しかし、高速燃焼の爆発では、空気中の酸素だけでは足りません。そこで爆薬の中に酸素を供給する物質を混ぜます。これを助燃剤といいます。

　昔から火薬と呼ばれて「種子島銃」などの発射薬や花火の打ち上げ火薬に用いられたのは黒色火薬です。これは木炭の粉、硫黄、硝石を混ぜた物です。木炭の粉によって黒く見えるため、黒色火薬と呼ばれます。

　ここで火薬の燃料は「木炭と硫黄」の2つです。残る「硝石」（硝酸カリウムKNO_3）の役目は助燃剤です。分子式のKNO_3のO_3を

見てもわかるように、**硝石は1分子中に3個もの酸素原子を持っているので、燃料に酸素を大量に供給できる**のです。

ところで、この硝石とはどういうものでしょうか？ これは前節で見た化学肥料の「窒素」です。つまり、**化学肥料（窒素）は同時に爆薬でもあった**のです。

昔は、硝石は人尿からつくっていました。このため、硝石づくりは悪臭のために大変な作業であり、それだけに貴重品でもありました（大量生産できない、という意味で）。ですから戦争が長引けば最初に硝石が底を突き、鉄砲を撃つことができなくなります。ここが終戦の潮時になり、両軍は兵を引いて停戦となるという一面がありました。

しかし、近代戦争の爆薬の主役はTNT（トリニトロトルエン：$C_7H_5N_3O_6$）に変わりました。$C_7H_5N_3O_6$という分子式を見てもわかるように、**TNTは1分子の中に6個もの酸素原子を持っている**のです。これはトルエンという有機物と硝酸から無尽蔵につくること

図 6 - 3 - 1 ● トルエン + 硝酸 → TNT火薬

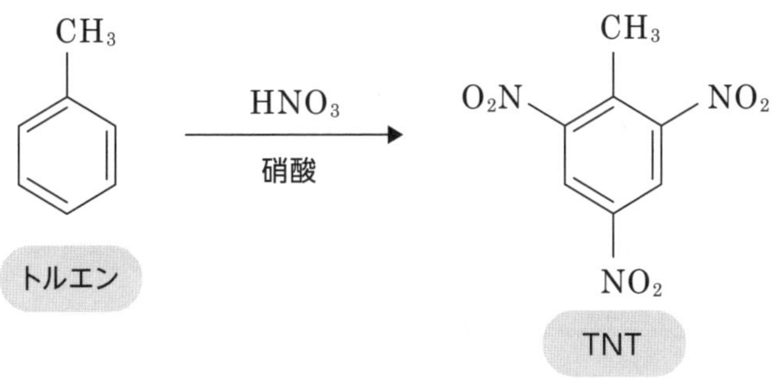

131

ができます。

　そして、第一次世界大戦中、ドイツ軍が使ったTNTはハーバー・ボッシュ法でつくったといわれます。つまり、第二次世界大戦が行なわれたのも、ハーバー・ボッシュ法でTNT爆弾を無尽蔵につくることが計算できるようになったため、ともいわれています。

　現在、世界中で局地戦が行なわれているのも、ハーバー・ボッシュ法のせいだ、と言うこともできそうです。

　爆薬というと、つい戦争を思い出します。しかし、爆薬を使うのは戦争だけではありません。平和の象徴ともいえる花火も爆薬です。お祝いに欠かせないクラッカーも、中国の爆竹も爆薬を利用しています。自動車のエアバッグも爆薬で膨らませているのです。

　スエズ運河（1869年開通）は人力で掘り上げましたが、パナマ運河（1914年開通）は人力では不可能でした。風土病の黄熱病で人夫が次々と倒れたのです。**パナマ運河が完成できたのは、当時完成したダイナマイトのおかげ**とまでいわれました。

　以来、戦争にはTNT、土木、鉱山にはダイナマイトが使われてきました。ところが最近はダイナマイトの代わりにアンホ爆薬（硝安油剤爆薬）が使われています。これは化学肥料である硝安（硝酸アンモニウム NH_4NO_3）とある種の液体を練り合わせたもので、プラスチック爆弾の一種といえるようなものです。安価で使いやすいということで、ダイナマイトを駆逐しつつあるようです。

　硝安も、いうまでも無く肥料です。硝安自体も爆発性があり、昔から歴史に残る大爆発事故を繰り返しています。2015年に中国、天津市で起きた、死者・不明者170人超、負傷者700人超の大爆発も硝安によるものといわれています。

世界一の農薬使用量をほこる
ニッポンは「農薬王国」?

—— 農薬は必要悪なのか?

　農業のために用いる化学薬品を一般に農薬といいます。自然環境の中で行なう農業はいろいろの環境変化や目に見える、あるいは目に見えない外敵の攻撃にさらされます。農業において、人類はこのような外敵と戦うために多くの種類の化学薬品を開発しました。このような物をまとめて農薬といいます。

　農家にとって作物を育てる障害は数限りなくあるといってよいでしょう。種を撒いて芽が出て、本葉が開く頃になるとアリマキ（あぶらむし）の出現です。一夜にして苗の生長点を緑の細かいアリマキが覆います。

　同じ頃、地中ではコガネムシの幼虫のネッキリムシが活動を始めます。買ってきたキュウリの苗の元気が無いなと思うと、根を噛み切られています。そのような苗はもうお終いです。

　というように、農業は害虫、バイキン、害獣、土壌の液性などとの果てしれぬ闘いです。さらに気温との闘いが入ってきます。芽吹き時の低温、霜害は農家にとって死活問題です。

● 沈黙の春

　1962年にアメリカの生物学者、レイチェル・カーソンが『沈黙の春』を出版し、環境問題の重要さを訴えました。日本でも水俣病などの公害が社会問題となる中、1975年には有吉佐和子の小説『複合汚染』が出版され、農薬と化学肥料の危険性に注目が集まりました。

　その結果、ダイオキシン、PCBなどの有機塩素化合物、あるいは環境ホルモンと呼ばれる各種の化学物質の有害性が明らかになりました。現在でも、ネオニコチノイド農薬とミツバチ減少との因果関係などが議論の対象となっています。

　このように環境問題が世界的な関心を集めてからは、農薬の過剰な使用に批判が起こるようになりました。それは消費者側からの指摘にとどまらず、農薬の使用者である農家からも起こりました。化学農薬の副作用による、農家の人の健康被害の心配があったからです。

　それ以降は、害虫や病気の対策に化学農薬を用いるだけでなく、天敵であるテントウムシのような昆虫、細菌、線虫やカビなどの、いわゆる「生物農薬」の使用が検討されるようになりました。

　現在の世界的な農業の傾向は環境保全型農業であり、それは農薬の使用、とくに有機リン剤、有機塩素剤の使用を抑制するものです。現在、日本は農薬使用量が世界第一位であり、第二位のヨーロッパの5倍も使用しています。

　園芸の盛んなオランダやデンマークでは、温室のまわりに防虫網を張り巡らしたり、天敵やフェロモンを利用するなど、農薬に頼らない園芸を目指しています。日本の多量の農薬使用は、国際的に批判を浴びる可能性があります。

6-5

農業での「緑の革命」、漁業での「養殖漁業」が産業を変えるか?

—— 農業と漁業の変化

　自然環境を相手にして食物を得る産業として、農業と漁業があります。これらが環境問題に取り組んだ例を見てみましょう。

● 農業における緑の革命

　「緑の革命」というのは、1940年代から1960年代にかけて行なわれた農業運動です。当時アジアでは人口の急激な増加が起き、食料供給が人口増加に追い付かず、食糧危機の危険性が叫ばれていました。

　その危機に際し、化学肥料の大量投入、農作物の品種改良などの積極的改良が行なわれ、穀物の大量増産を達成することができたのです。こうして、食糧危機は回避されたのでした。

　この運動は農業革命の1つとされ、提唱者であるアメリカの農学者ノーマン・ボーローグは1970年に「歴史上のどの人物よりも多くの命を救った人物」としてノーベル平和賞を受賞しました。

　ボーローグらは当時の農業を徹底的に研究し、2つの改善点を発見しました。

　第一に、「品種改良」です。在来品種は、一定以上の肥料を投入すると収量が逆に低下しました。それは伸びすぎた植物が倒伏して

しまったからです。そこで背の低い短茎種が開発されました。これは、背は低くなりますが穂の長さは変わらず、収量は大差ありません。この改良によって作物が倒伏しにくくなり、施肥（せひ）に応じた収量の増加と気候条件に左右されにくい安定生産が実現しました。

第二に「灌漑設備・防虫技術」です。灌漑設備を整備充実し、すべての農地に十分な水が行き渡るようにしました。加えて農作業の機械化を促進しました。これによって農作業全体が近代化され、量産体制が整いました。

また、殺虫剤や殺菌剤などの農薬を積極的に投入し、病害虫から作物を護（まも）ると同時に、病害虫の防除技術を向上させました。

しかし、何事にも明暗はあります。緑の革命にも輝かしいメリットもあれば、批判されるデメリットもあります。

● 緑の革命のメリット、デメリットとは？

「緑の革命」のメリットを考えてみましょう。緑の革命は農業分野に留まらず、国内に広く影響したことです。それによって、3つの変化がありました。

①穀物供給量の増大

穀物供給量が増大し、価格が減少したことによって都市の労働者等の貧困層の経済状態が改善されました。

②国内の工業化

このような農業の効率化によって余剰となった労働者が都市に移動することにより、国内の工業化が促進されました。

③貧困層の救済

「緑の革命」では短茎種が開発された

この結果、農村の最貧困層である「土地なし労働者」への労働需要が高まり、彼らの経済状態が改善されました。

しかし、「緑の革命」にもデメリットはありました。それは主に、環境問題に絡んだものです。つまり化学肥料や農薬などの化学工業製品の投入によって、土壌汚染などの環境悪化が起こったというものです。

● 漁獲制限と養殖漁業

農業が自然に対する改変であるなら、**漁業は自然環境で棲息する魚類を捕獲する産業**です。

魚も生物ですから再生産しますが、漁獲量がそれ以上に増えれば再生産は先細りになります。そこで行なわれたのが漁獲制限です。漁獲量を制限するためには3つの方法があります。

①投入量の規制

漁船の隻数や馬力数の制限等によって漁獲力を入口で制限します。

②技術的規制

産卵期を禁漁にしたり、網目の大きさを規制することで、漁獲の効率性を制限し、産卵親魚や小型魚を保護します。

③産出量規制

漁獲可能量（TAC）の設定などにより漁獲量を制限します。

この3つの管理法のうち、どれに重点を置くかは、漁業の形態や漁業従事者の数、水産資源の状況などによって異なります。

自然環境で魚を獲るのではなく、人工的な環境で魚を「つくる」方法もあります。それが養殖漁業です。

太古の人類は、採集によって植物、狩猟によって動物、漁猟によって魚介類を得て生活していました。それが植物採集は農耕に、狩猟は酪農・畜産に進化しました。漁猟も同じ運命を辿るのかもしれません。

捕獲あるいは人工繁殖によって得た水産生物を飼養して、助長し、数量の増加を行なうことを一般に「養殖」と呼びます。

養殖は内水面養殖（淡水）と海面養殖に大別することができます。前者としてはニジマス、アユ、ウナギ、スッポンなどの養殖があります。

一方、後者にはブリ、マダイ、トラフグ等の魚類、カキ、アワビ、ホタテガイ、アコヤガイ等の貝類、さらにはワカメ、コンブなどの藻類あります。

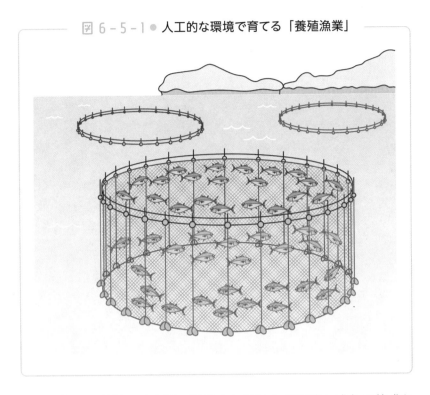
図 6 - 5 - 1 ● 人工的な環境で育てる「養殖漁業」

　一般的に、養殖では産卵、稚魚または幼生の育成と成魚の養成などは別々の場所で行なわれます。成長は放養密度、投餌量、水温など環境条件により影響されます。魚種によっては人為的に育てるのは幼魚までとし、そこから先は自然環境に放すという方法もあります。さらに最近ではゲノム編集などによって品種改良を行なうことも試行されています。

　養殖業は世界の中でも日本が最も発達しているものといえるでしょう。

第**7**章

便利なプラスチックが
環境を汚染する

熱でグニャグニャする人工の高分子がプラスチック

── プラスチックの種類

現在、私たちの身のまわりを見てみると、プラスチック製品で溢れています。分子構造のはっきりしたプラスチックの最初の例は1938年に発表されたナイロンですから、それ以前の世の中にはプラスチックは存在しなかったことになります。今となってはなかなか想像できない世の中だったのです。

● プラスチックとはどんなものか？

プラスチックは一般に高分子、あるいはポリマーと呼ばれる物の一種です。高分子とは、分子量が大きいことを意味していて、要するに「大きな分子」ということになります。

ポリマーの「ポリ」はギリシャ語で「たくさん」の意味です。ギリシャ語で「1」は「モノ」といいます。モノマーというのは「1個の分子」という意味です。それに対し、ポリマーというのはモノマー（単位分子）がたくさん集まってできた分子のことをいいます。モノマーはただ1種とはかぎりません。

要するに、高分子というのは「たくさんの単位分子が結合してできた大きな分子」ということになります。「単位分子の結合体」ということが大切であり、ただ大きいだけでは高分子とはいわないの

です。

● 高分子を分類してみると

　図7-1-1を見るとわかるように、高分子にはいろいろの種類があるので、分類の仕方も視点によってさまざまです。

　まず、天然高分子があります。これは名前の通り、自然界に天然に存在する高分子のことです。デンプンやセルロースはただ一種の単位分子であるグルコースでできた高分子ですし、タンパク質はアミノ酸という20種類の単位分子からできた高分子です。天然ゴムも天然高分子ですが、現在では天然ゴムに代わり、化学的に天然高分子とまったく同じ物が人工的につくられるようになっています。

　人間が人工的（人為的）につくり出した高分子のことを合成高分子といいます。一般に高分子という場合には、合成高分子を指します。合成高分子も、いくつかの種類に分けることができます。

　その1つが熱可塑性高分子です。これは温めると軟らかくなるという、ふつうの高分子です。安価で透明なプラスチックのコップにお湯を入れると、コップがグニャリとして持つのに困ることがあります。このプラスチックが熱可塑性高分子です。

　熱可塑性高分子は、さらにプラスチック（合成樹脂）と合成繊維に分けることができますが、分子構造から見ればプラスチックと合成繊維は同じ物と見ることもできます。これは人工的につくられた樹脂という意味で、樹脂とは樹木から分泌された樹液が固まった物をいいます。たとえば、松脂、柿渋、漆などが樹脂の代表です。

　天然の樹脂は水に溶けにくい性質があり、固まった（油分が揮発

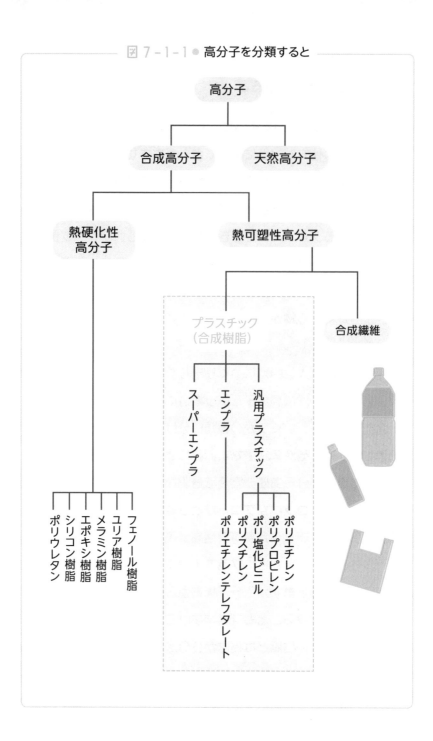

図 7-1-1 ● 高分子を分類すると

した）後には安定し、形を保持する特徴も持っています。このため、古代から塗料、接着剤などに使われていました。

　このような使い勝手のよい天然樹脂に代わって、石油などを原料にして人工的（化学的）に合成したのが合成樹脂（プラスチック）です。

　熱可塑性高分子に対して、熱硬化性高分子というものがあります。家庭で使うお椀の多くはプラスチック製ですが、熱い味噌汁を入れてもグニャリとすることはありません。炎で熱するとさすがに焦げますが、だからといって熱可塑性高分子のように軟らかくなることはありません。このような高分子を熱硬化性高分子といいます。

　用途によっても、高分子を分類することができます。

　その1つが「エンプラ」です。エンプラとは、エンジニアリングプラスチックを略した言葉で、工業用プラスチックのことをいいます。これは熱可塑性高分子のうち、ふつうのプラスチックより硬く、かつ耐熱性の高いものをいいます。ナイロン、ペットなどが典型です。性能が高い分、価格も高くなります。

　もう1つが「汎用樹脂」です。エンプラに対して、おかずを入れるプラスチック製品、あるいはバケツなどの一般民生用に使われるものを汎用樹脂といいます。性能は今ひとつですが、大量生産されて安価という利点があります。ポリエチレン、塩化ビニル（エンビ）などが汎用樹脂の典型です。

7-2

温度が上がると、なぜやわらかくなるのか？

—— プラスチックの構造

　前節で見たように、プラスチックにはいろいろの種類があります。そして、熱可塑性高分子と熱硬化性高分子に分けることができました。ただし、研究者の中には熱硬化性高分子をプラスチックとは認めない人もいます。

　熱可塑性高分子の分子構造は、一口にいうと「長い糸」です。たくさんの糸が捩れあっているのが通常のプラスチックの構造です。そして熱可塑性高分子の分子構造というときには、この1本の糸の構造をいいます。

　熱可塑性高分子の代表は**ポリエチレン**です。この上なく簡単な構造です。エチレンというのは $H_2C = CH_2$ という構造の分子です。このエチレンが図7-2-1のように二重結合を開いて、代わりに隣の分子と結合し、これが何千個もの分子の間で広がった物がポリエチレンです。前節でも見たように、「ポリ」とはたくさん、という意味でした。したがって CH_2 というこの上なく簡単で短い単位構造が、非常にたくさん連続した物と見ることもできます。

　ちなみに、この単位構造が1個の場合、都市ガスのメタン CH_4 となり、3個の場合はプロパンガス $CH_3CH_2CH_3$、4個の場合はラ

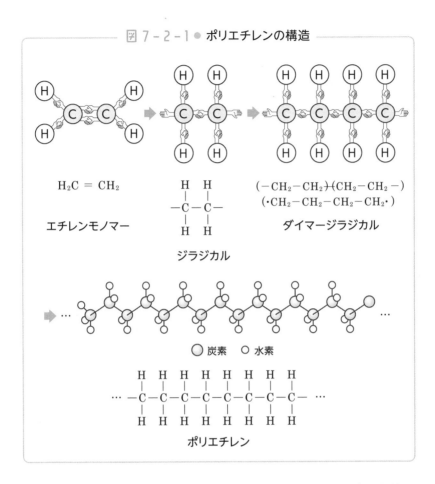

図 7 - 2 - 1 ● ポリエチレンの構造

$$H_2C = CH_2$$

エチレンモノマー

$$\begin{array}{cc} H & H \\ | & | \\ -C-C- \\ | & | \\ H & H \end{array}$$

ジラジカル

$$(-CH_2-CH_2-)(CH_2-CH_2-)$$
$$(\cdot CH_2-CH_2-CH_2-CH_2\cdot)$$

ダイマージラジカル

○ 炭素　　○ 水素

$$\cdots -C-C-C-C-C-C-C-C- \cdots$$

(with H above and below each C)

ポリエチレン

イターガスのブタン$CH_3CH_2CH_2CH_3$、5 〜 11個程度だと液体の
ガソリン、9 〜 18個程度だと灯油、20個を越えると固体のパラフィ
ンになるというわけです。ですからこのような物はみんな兄弟のよ
うな関係なのです。

　私たちの生活に溶け込んでいるプラスチックの大部分は汎用樹脂
であり、その多くはポリエチレンの仲間です。品質表示のついてい
るプラスチック製品があれば、その原料名を見てください。ポリエ

図 7 - 2 - 2 ● メタン系の仲間たち

$$CH_3 - CH_2 - CH_2 \cdots\cdots CH_2 - CH_3$$

n	名前（沸点）	状態
1	メタン（天然ガス）	気体
2	エタン	
3	プロパン	
4	ブタン	
5〜11	ガソリン（30〜250）	液体
9〜18	灯油（170〜250）	
14〜20	軽油（180〜350）	
>17	重油	
>20	パラフィン	固体
数千〜数万	ポリエチレン	

チレン、ポリ塩化ビニル、ポリプロピレン、（発泡）ポリスチレンなどと書いてある場合が多いのではないでしょうか。

　前節で名前の出てきた「合成繊維」の分子構造は、熱可塑性高分子とまったく同じです。違いはその集合状態です。

　プラスチックでは糸状の高分子が互いにもつれ合っています。温度が上がると各糸状分子は思い思いの分子運動を始めます。そのため全体として軟らかくなり、最後は液体状になります。

　しかし合成繊維では、それぞれの糸状分子は平行に並んで束ねられたようになっています。そのため、それぞれの糸が分子間力で引き合って頑丈になっているのです。昔、毛利元就が3人の子どもに対していった「3本の矢の教え」のようなものです。

　熱可塑性高分子の種類は豊富ですが、**熱硬化性高分子の種類は、**

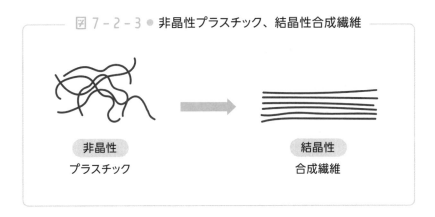

図 7 - 2 - 3 ● 非晶性プラスチック、結晶性合成繊維

非晶性
プラスチック

結晶性
合成繊維

一般にはフェノール樹脂、ユリア樹脂（尿素樹脂）、メラミン樹脂の3種ぐらいで、あまり多くありません。中でもメラミン樹脂は硬くて美しいので高級家具の表面材などに用いられます。

　メラミン樹脂は3次元の網目構造をしていて、熱硬化性高分子が熱で変形しないのは、この3次元網目構造にあります。糸状分子の熱可塑性高分子では、高温になると糸が動いて流動的になりますが、3次元網目構造の熱硬化性高分子は、分子が高温になっても動くことができないのです。

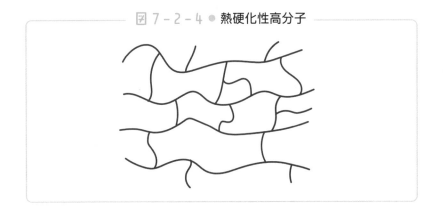

図 7 - 2 - 4 ● 熱硬化性高分子

第7章

便利なプラスチックが環境を汚染する

7-3

シックハウス、海洋汚染、メラミン混入フード

── プラスチックと公害

プラスチックが初めて登場した頃は、高性能で、美しく、手頃な価格だということで大歓迎されていましたが、時間がたつとアラが目に付くようになってきました。最近はプラスチック公害が叫ばれています。

● 有害な気体が発生する

プラスチックは固体ですが、そこからしみ出す有害な気体、あるいはプラスチックが燃えて出る気体が大気を汚染することが指摘されています。

その1つが**シックハウス症候群**です。これは、室内の空気を汚染する現象です。主に熱硬化性高分子の原料として使われる**ホルムアルデヒド**に基づくものです。

高分子の合成反応が終われば、ホルムアルデヒドは高分子になって姿を消すはずなのですが、極めて少量のものが未反応のまま残ります。これが高分子から空気中にしみ出すのです。

熱硬化性高分子は接着剤にも使われますので、ベニヤ板などの集積材にも使われている可能性があります。

また、ポリ塩化ビニルのように塩素を含む物質と有機物を一緒に

7-3

プラスチックと公害

150

して250℃〜400℃の低温で燃焼すると、有害物質の**ダイオキシン**が発生して大気中に放出される可能性があります。現在、日本で稼働中のゴミ焼却炉は800℃以上で燃焼しています。

● プラスチックによる海洋汚染問題

プラスチックの海洋汚染は以前から問題になっています。不法に投棄されたプラスチックのゴミは、最終的に海に集まります。その一部は海流に乗って海岸に流れ着き、海岸をまるでゴミ捨て場のように汚します。

釣り糸はナイロン（ポリアミド合成樹脂）からつくられます。この釣り糸が切れ、海に浮遊すると、潜水漁をする海女さんや海鳥に絡まって危険を及ぼします。海中に流されたビニールのシートや袋はウミガメやクジラなどがクラゲと間違って食べ、これら海洋生物の命を危険にさらします。

そんななかでも、最近とくに問題になっているのが海洋中の**マイクロプラスチック**です。マイクロプラスチックに関しては明確な定義はないのですが、研究者によっては直径5mm以下、研究者によっては1mm以下のプラスチック微粒子のことをいいます。

マイクロプラスチックの発生源はたくさん考えられます。

①プラスチック原料：原料として使用するために生産される物です。

②工業用研磨材：工業製品の仕上げに使われます。

③皮膚の角質除去剤：洗顔料、化粧品に使用されます。

④プラスチック製品の破片：ふつうのプラスチック製品が砕けた物。

⑤合成繊維の脱落：家庭での衣類の洗濯によって布から脱落した糸くずです。とくに1mm未満の粒径のマイクロプラスチックの大半

が脱落した合成繊維から構成される可能性があるといわれます。

　マイクロプラスチックの問題は、海洋生物がそれを食べるということです。これを食べた海洋生物への影響は次の3つが考えられます。

①小動物は、マイクロプラスチックを食べたことによる偽りの満腹感のために食物の摂取が減って飢餓状態に陥る可能性がある

②摂食器官または消化管の物理的閉塞、または損傷

③食後のプラスチック成分の化学物質の内臓への浸出

④吸収された化学物質の臓器による濃縮

　人間に対する影響としては、とくに④が問題視されています。マイクロプラスチックそのものでなく、そこに吸着された有害物資が生物濃縮され、私たちの食物になるときには100万倍近い濃度になることは、水俣病で見た通りです。

● **プラスチックによる都市環境の汚染**

　プラスチック製品の短所の1つは、修理ができないということです。このため、建具として使われた粗大プラスチック製品は破損すると、ソックリ廃棄されます。

　ところが、プラスチックの長所の1つは丈夫で長持ちということでしたから、これが裏目に出るわけです。山や海、川などに不法投棄されたプラスチックは、時間が経っても腐敗・分解されることなく、いつまでも環境に残ります。

　修理ができないために捨てられる、捨てられても腐敗・分解されないという、この2つの特徴の相乗効果の結果、現在のプラスチック公害が生み出されたといってよいでしょう。

● プラスチックの危険性

プラスチックに限らず、危険性は思わぬところに転がっています。

最近、火災が起きたとき、焼死以外の原因で犠牲者が出ることが増えています。それは、焼死する前に有毒ガスで亡くなっているというのです。火災で発生する有毒ガスといえば、一酸化炭素 CO を思い出しますが、今の火災ではそれ以外の有毒ガスも発生します。

たとえば、ポリ塩化ビニルが燃えるとダイオキシンが発生しますが、それ以外にも塩素ガス Cl_2、塩化水素（塩酸）ガス HCl なども発生する危険性があります。

また、アクリル繊維が燃焼すれば、そこに結合しているニトリル基に基づく青酸ガス HCN が発生する可能性もあります。青酸ガスはサスペンスドラマなどで知られる猛毒の青酸カリ（正式名シアン化カリウム）を飲んだときに胃で発生する猛毒気体と同じものです。

2008年頃、中国製の粉ミルクにメラミンが混入され、それが世界的に輸出されたおかげで、全世界の赤ちゃんに深刻な被害が出る、という事件が発生しました。

メラミンは図 7-1-1 でも見た、メラミン樹脂（熱硬化性高分子）の原料です。なぜそんな、およそ粉ミルクとは異質と思える物質が粉ミルクに混ぜられたのでしょうか。

実はその頃、中国では牛乳に水を混ぜて増量して売りさばくといった不正が行なわれていました。そこで当局は牛乳に含まれるタンパク質の量を検定することにしました。

しかしタンパク質の検定は複雑な操作が必要で、簡単にはできません。そこで、簡便な方法として牛乳に含まれる窒素 N の量を検

定することにしたのです。牛乳の成分で窒素を含むものはタンパク質だけです。だから、窒素の量を測ればタンパク質の量も推定できるというわけです。

しかし、図7-3-1に示したメラミンの構造を見てください。1個の分子の中に6個もの窒素原子Nが含まれています。

つまり、水で薄めた牛乳にメラミンを加えれば、窒素含有量が増え、あたかもタンパク質がたくさん入っているように偽装できるということだったのです。

図 7 - 3 - 1 ● メラミンの構造

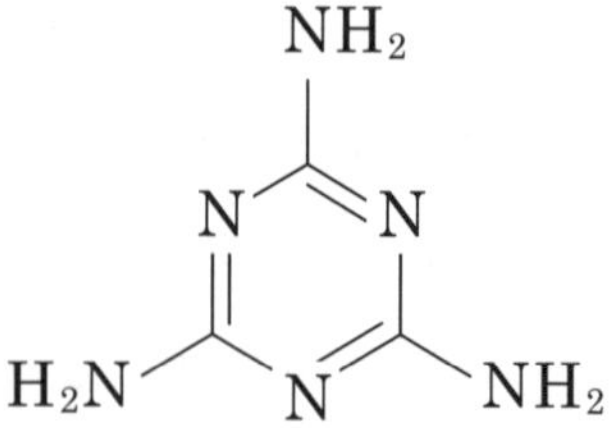

2007年には、メラミンが混入された中国製のペットフードがアメリカなどに輸出され、ペットの犬や猫が腎不全などで多数死亡する事件が起きていましたが、さらに2008年にはメラミンを混入した粉ミルクによって、中国の乳幼児に腎不全が多数発生する事件が起きたのです。

この事件はプラスチックが直接関連したものではありませんが、化学物質はこのように巡り巡って思わぬところで思わぬ結果を引き起こすことがあるのです。

7-4

環境問題を解決するのも
プラスチックの役目?

—— プラスチック問題の解決

プラスチックの抱える問題を解決しようとの試みや研究も活発に行なわれています。また一方、プラスチックによって他の環境問題を解決しようとの動きもあります。

●コンビニ袋の有料化

最近話題になっているのがコンビニやスーパーなどで買った商品を入れるレジ袋です。以前までは、多くのコンビニでは客が黙っていても商品をレジ袋に入れてくれましたし、スーパーでも無料、あるいは有料でレジ袋に入れてくれました。

この袋は家に着けばほとんど無用の物であり、ゴミの日にゴミ袋として廃棄されるだけです。プラスチック公害の見本のようなものです。2020年7月よりコンビニ、スーパーが揃ってこのレジ袋を有料にしました。それに従って、客は自前の運搬容器(買い物袋など)を持って買い物に行くようになりました。これは、レジ袋に使われたプラスチックによる環境汚染が減ることを意味します。

私たちはなにげなく、あえて無くても済むようなプラスチックを使っています。毎日のように送られてくるダイレクトメールのプラスチック封筒などもその例です。レジ袋のこのような試みが今後も

第7章　便利なプラスチックが環境を汚染する

増えることを期待したいものです。

これに代わるようにして、2020年に目立ったのがマスクです。新型コロナウイルスの蔓延によって外に出る人のほとんどはマスクをするようになりました。このマスクの多くは使い捨てタイプであり、そのほとんどは合成繊維製、あるいは不織布製です。

合成繊維も不織布も原料はプラスチックです。マスクは今後も使い続けられることでしょう。街路には使い捨てられたプラスチックが目に付くようになりました。早急に対策を講じるべきでしょう。

● かんたんに分解される生分解性高分子

環境を汚さないための1つの方法として、環境中で容易に分解される高分子が開発されています。それが生分解性高分子と呼ばれるものです。

同じ高分子でも、ポリエチレンなどの合成高分子は分解されにくいと述べてきましたが、デンプンやタンパク質などの天然高分子はたやすく分解されます。

したがって、天然高分子のような構造を持つ合成高分子をつくれば、自然界の中でも分解されやすくなることが期待されているのです。

生分解性高分子の中で、現在、最も分解されやすいといわれるのがポリグルコール酸です。これの生理食塩水中での半減期は2～3週間です。

しかし、これではおかず入れの容器など、通常の用途には使えません。

この高分子は手術用の縫合糸として利用されます。この糸で縫合

すると体内で分解吸収されるため、抜糸のための再手術が不要になるというメリットがあるのです。

　半減期が4〜6か月のポリ乳酸であれば、ふつうの容器としても用いられます。ただし、長期間の保存を要する物には使うことはできません。

　そこで考えられたのが微生物生産高分子です。ある種の細菌は炭素源を食べてヒドロキシブタン酸という物質を生産します。このヒドロキシブタン酸を用いると、ポリエステルのような高分子をつくることができます。

　微生物はこの高分子を食べて分解し、またヒドロキシブタン酸を排出するので、「再生産型高分子」ということもできるでしょう。

　植物を燃やせば、二酸化炭素と水が発生しますが、植物はこれらを利用して成長します。すなわち、植物は再生産して循環しているのです。

　このような植物を原料として生分解性高分子をつくれば、高分子が循環再生産されることになります。具体的にはトウモロコシなどのデンプンを乳酸発酵して乳酸とし、これを高分子化してポリ乳酸をつくるのです。トウモロコシ7粒から厚さ25μmのA4判のフィルム1枚ができるそうです。

● 環境をきれいにする高分子

　合成高分子は汚れてしまった環境を整備改善するためにも役立っています。

　まず、5章5節で見た「高吸水性高分子（樹脂）は砂漠に木を植

第 7 章 ｜ 便利なプラスチックが環境を汚染する

える」というように、合成高分子は緑化に役立っています。

　また、濁った河川の水を水道水に用いる場合には、いったんゴミを沈殿させて除く必要があります。ところがゴミがコロイド化している場合には、コロイド粒子の表面にある電荷の反発があってなかなか沈殿しません。

　このような場合に活躍するのが高分子系の沈殿剤です。沈殿剤にはイオン性の置換基がたくさん着いており、その電荷とコロイド粒子の電荷の間の静電引力によって沈殿剤が多くのコロイド粒子を集め、沈殿させるのです。

　ほかにも、**合成高分子で「真水」をつくる方法**があります。高分子の中には水中のイオンを他のイオンに交換する物があります。このような高分子をイオン交換樹脂といいます。陽イオン交換樹脂はナトリウムイオン Na^+ を水素イオン H^+ に交換し、陰イオン交換樹脂は塩化物イオン Cl^- を水酸化物イオン OH^- に交換します。

　ガラス管にこの2種のイオン交換樹脂を詰め、上から海水を流すと、海水中の Na^+ と Cl^- はそれぞれ H^+ と OH^- に交換されます。ということは、塩分 $NaCl$ が水 H_2O になったということで、塩水が淡水に変化したことになります。

　これは救命ボート、あるいは海岸の被災地で真水が無い時に大活躍をします。

　発泡ポリスチレンをご存知でしょうか。これはスーパーなどで、刺身の盛皿として使われるほかにも、包装の緩衝剤（クッション材）、建築の断熱材などとして多用されています。この他に環境整備の土木工事にも使われています。

　堤防の心材としても活躍しています。堤防や高速道路の建築のた

めに盛り土をする時に、その内部に数十センチ角の発泡ポリスチレンのブロックを積むのです。その周囲をコンクリートや土で固めると、軟弱な地盤でも表面が均等に沈むだけで、堤防などが変形することを防ぐことができます。

　また、水路のひび割れ防止にも合成高分子は役立っています。農村地帯に水路をつくる時、コンクリートだけでつくったのでは、ひびが入って漏水が起こります。そこでコンクリートでつくった水路の表面に、プラスチックの1/1000mmほどの粒径の粒子を混ぜたモルタルを塗ります。するとプラスチックが粘着剤の役割をはたしてひび割れを防止するといいます。

　できてしまったひびに、このモルタルを詰めるのも有効だといいます。しかしこの方法はマイクロプラスチックの新たな原因にもなりそうですから、改良の余地があるでしょう。

第**8**章

化石燃料から
再生エネルギーへ

8-1

エネルギーの中心的存在だが、環境への悪影響は大きい

—— 石炭、石油、天然ガスの化石燃料

現代社会はエネルギーの上に成り立っています。電車に乗るのもスマホを見るのも、エネルギーのおかげです。

そのエネルギーの大半は電気エネルギーですが、電気エネルギーのほとんどはいわゆる化石燃料の燃焼によって賄われています。化石燃料とは、主に「石炭、石油、天然ガス」の3つのことをいいます。

● 可採埋蔵量には限りがあるけれど

化石燃料の最大の問題点は埋蔵量に限りがあるということです。しかし、この「埋蔵量」という言葉には注意が必要です。それは「埋蔵量」がただの埋蔵量ではなく、「可採埋蔵量」の意味で使われていることが多いからです。

可採埋蔵量とは、「現代の探査技術で存在が確認され、現代の採掘技術で採掘可能な量」という意味なのです。そして、それを「現在の消費量に従って採掘し続けたら、あと何年もつか」というのが可採年数です。可採年数は、石油64年、石炭218年、天然ガス62年とされています。

しかし、技術が進展すれば「採掘可能な埋蔵量」は増え続けます。一方、「消費量」は省エネ技術によって減り続けます。つまり、埋

蔵量があと50年分、つまり可採年数が50年しかないといわれても、50年後に空っぽになっている可能性は限りなく0に近い、ということです。

化石燃料が古代生物の死骸が変化したものならば、限りがあるのは事実です。50年後といわずとも、いつかは終わりがくるでしょう。しかし、石油には無機起源説というものもあり、この瞬間にも地下で生成し続けている可能性があります。

化石燃料のトップは石油です。石油こそは現代社会を担うエネルギー資源でした。石油は量を問わなければ世界中で産出します。日本でも秋田県、新潟県、千葉県などで産出しますが、日本の消費量を賄えるものではありません。5章3節でも見たように、石油がどのようにして生成するかについては諸説あり、それによって可採年数も違ってきます。

化石燃料の2つ目として、天然ガスを見てみましょう。天然ガスの主成分はメタンCH_4です。天然ガスの起源にも、石油と同様に無機起源説と有機起源説があり、結論は出ていません。

天然ガスは石油と同じように地下にあるため、地下に穴を掘ったガス井から採取します。これを低温にして液化し、いわゆる「液化天然ガス」（LNG）として消費地に運搬し、気化してガスとして用います。

天然ガスは都市ガスとして家庭に送られるほか、各種の熱エネルギー源として利用されています。その代表的なものが火力発電の燃料です。

化石燃料のうち、最も使いにくいのが固体の石炭といわれます。しかし石炭の可採年数は石油の優に2倍以上あるといわれ、有効な使い方の開発が望まれます。

　石炭の起源は、古代の植物が炭化したものとする生物起源説で落ち着いています。石炭の成分は石油、天然ガスと異なっています。石炭の場合、ベンゼン環に代表される芳香族などの環状化合物が多いということです。

　芳香族化合物は有機化学工業に欠かせない原料であり、石炭が燃料以外にも重要視される理由がここにあります。

　それにしても固体というのは実際に使用する場合にあらゆる意味で不便です。そこで石炭を気化、あるいは液化する手段がいろいろと講じられています。

　その1つの方法が乾留です。乾留とは、石炭を蒸し焼きにすることです。すなわち、空気を遮断して $600 \sim 1000\,^\circ\mathrm{C}$ に過熱すると、気体の石炭ガス、液体のコールタールやガス液、固体のコークスになります。コークスは鉄の精錬などに用いられます。火力が強いので、中華料理などの燃料にも用いられます。

　また、コークスを $1000\,^\circ\mathrm{C}$ に熱し、水と反応させると一酸化炭素COと水素ガス H_2 が発生します。COも H_2 も燃焼してエネルギーを発生するので燃料になります。この混合ガスは、かつては「水性ガス」と呼ばれ、都市ガスとして家庭に供給されていました。しかしCOは猛毒なため、事故や自殺が後を絶たず危険なこともあり、現在の天然ガスに切り替えられました。

　石炭を液化する方法も開発されています。直接的には石炭に水素

石炭、石油、天然ガスの化石燃料

を反応させて分解液化する方法です。水性ガスの成分である一酸化炭素COを金属触媒の存在下で水素と反応させ、炭化水素にする方法もあります。

● 燃焼廃棄物としての問題

化石燃料の問題点の1つは、それを燃焼したあとの廃棄物です。物質が燃焼すれば、エネルギーとともに酸化物が発生します。

石炭、天然ガスを問わず、有機物を燃やせば二酸化炭素は必ず発生します。2章3節でも見たように、**石油を燃やせば石油の重量の3倍の重量の二酸化炭素が発生する**のです。

石炭や石油には硫黄Sや窒素Nの化合物が含まれます。これらが酸化されるとそれぞれSO_x（ソックス）やNO_x（ノックス）になります。SO_x、NO_xが大気をどれだけ汚染するかは先に見たとおりです（3章6節、4章4節参照）。

エネルギーはわれわれの生活にとって必要不可欠なものであり、化石燃料はそのために必要なものですが、その副産物をいかに低減していくかが重要な課題なのです。

注目を集めるメタンハイドレート、シェールガスの問題点
―― 新しい化石燃料

　近年、新しいエネルギー源として注目されるのがメタンハイドレートやシェールガスです。これらはどういうもので、なぜ注目を集めているのでしょうか?

● 日本近海に分布するメタンハイドレート

　<u>メタンハイドレート</u>はメタンと水が一緒になった化合物です。水は酸素と水素が結合した化合物ですが、酸素と水素の電子を引き付ける力（電気陰性度）に違いがあるため、酸素がマイナスに、水素がプラスに荷電します。この結果、水分子は、互いの水素原子と酸素原子の間に静電引力が働いて、互いに引き付け合うことになります。これを<u>水素結合</u>といいます。

　メタンハイドレートは図8-2-1に示したような構造をしています。何個かの水分子が水素結合でつくった、まるで鳥かごのような物の中にメタン分子が1つずつ入っています。全体として、メタンと水分子の個数比は1：6程度になります。

　メタンハイドレートは燃えますが、燃えるのはメタンであり、水部分はその温度で水蒸気になります。メタンハイドレートは高圧・低温の条件でできるため、深海に多く存在します。水深100 〜

図 8-2-1 ● メタンハイドレートの分子構造

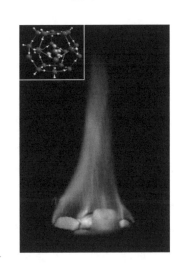

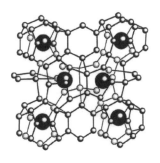

○ 水分子の酸素原子

● メタン分子

写真出所：米国地質研究所

図 8-2-2 ● メタンハイドレートの日本近海での埋蔵分布予想

北米プレート

千島海溝

日本海溝

ユーラシアプレート

太平洋プレート

南海トラフ

伊豆小笠原海溝

フィリピン海プレート

2000mの地下数十mに埋まっているので、採掘にはかなり高度な技術が必要であり、まだ実用化には至っていません。

　メタンハイドレートの採取は固体のメタンハイドレートをそのまま採取するのではなく、海底で分解して気体になったメタン部分だけを採取します。このとき水でできたケージ部分はこわさずにそのまま残し、中にメタンの代わりに二酸化炭素CO_2を入れることが可能といいます。この場合、メタンの採取と二酸化炭素の処理が同時にできることになります。

　メタンハイドレートは日本領土内の埋蔵量だけで見積もっても、日本の天然ガス使用量の100年分ほどに相当することがわかっています。また全世界的に見ても、天然ガス埋蔵量の数十倍の量があると見込まれ、採掘方法さえ確立されれば、近い将来のエネルギー源として期待されます。

● オイルシェール・オイルサンドとその可能性

　シェールガスは3章4節で見たように、薄い堆積岩の間に吸着された天然ガスのことです。このシェールガスを採掘できるようになったのは、ようやく今世紀に入ってからのことであり、その採掘に関して公害が発生していることは先に見た通りです。

　オイルシェールというのは、日本語で油母頁岩と訳され、油母、すなわち石油の素になるケロジェンというタール状の物質を含んだ頁岩を指します。

　オイルシェールは石炭のように掘り出して、そのまま燃やすこともできますが、多くの場合300〜500℃で乾留し、気体状の燃料、あるいは液体状の燃料として使用します。

新しい化石燃料

このオイルシェールと似たものにオイルサンドがあります。これは砂に石油が付着したものですが、揮発成分が取り除かれて、沸点の高い部分だけが残ったものです。したがってケロジェンを含むオイルシェールとは、成分が異なります。

　オイルシェールやオイルサンドの埋蔵量は明確ではありませんが、石油の埋蔵量の数十倍から数百倍に上るものと見られています。

　しかし、これらの岩石から石油をとるためには、石油の重量の何倍もの廃棄岩石が出るため、環境問題を考えるとその利用は必ずしも容易ではありません。

―――― 図 8-2-3 ● シェールガス層の分布図 ――――

■ 資源見積もりを用いて評価された地域
■ 資源見積もりなしの地域
□ 報告対象国
■ 報告対象外の国

出所：米国エネルギー情報局（EIA）

8-3

高さや風を利用して自然に優しいエネルギーをめざす

── 再生可能エネルギー

化石燃料は燃やしてしまえばおしまいですが、水力発電の水は、発電を行なった後も、雨として元の河川、ダムに戻り、繰り返し発電を行なってくれます。このようなものを再生可能エネルギーと呼んでいます。

● 位置エネルギーは最も普遍的なエネルギー

地球上に限らず、重力の働くところならどこにでも存在するのが「位置エネルギー」です。その意味で、位置エネルギーは最も普遍的なエネルギーかも知れません。

位置エネルギーには、石油やレアメタルのような資源を持つ国と持たざる国の違いはありません。どのような国でも平等に持っているエネルギー源です。

位置エネルギーの最も原始的な利用法は「運搬」です。山で切り出した樹木を坂に転がし、麓の集積所に集めるのがその一例です。

河川を利用した運搬もあります。上流で切り出した木材をイカダに組んで流すのです。舟を使うのも同じようなものです。

高度な利用法としては「水車」があります。川水の流れる力で水車を回し、その回転運動を上下運動に変えて穀物を搗き、脱穀をす

るのは昔から行なわれてきました。

位置エネルギーの大規模な利用法が水力発電です。河川の上流に大規模なダムをつくって水を堰きとめ、それを落下させることによって発生する位置エネルギーで発電機を回すものです。すなわち位置エネルギーを電気エネルギーに変えているのです。

水力発電所には大規模なものが多くあります。日本では黒部発電所（33万5000kW）が有名ですが、世界的に見ればエジプトのアスワンハイダム（12基で210万kW）、中国の三峡ダム（1820万kW）など、巨大なものがあります。

水力発電所は一度つくってしまえば長期にわたって使い続けることができ、燃料も使わず、したがって廃棄物も出ないなど、とても環境に優しく、クリーンな発電法に思えますが、実は必ずしもそうでもないのです。

巨大ダムはその重みで付近の地盤の強度を変えてしまいます。ダムの上流は水没してしまい、下流は水系が変化し、生態系に回復不可能な被害を与えることがあります。

さらにダム内には上流からの土砂が溜まって年々浅くなり、浚渫が必要になります。ということは、下流に行くべき土砂が行かなくなったことになるので、下流の地勢が変わるなどの問題があるのです。

● 地球の自然を利用した発電

地球はすごいエネルギーを持っています。1つは熱エネルギーです。地球は内部が6000℃に達する高熱の球体です。そこで、地下

水の温度を利用して発電しようというのが地熱発電です。**地熱で加熱された高温の熱水を気化させ、そのエネルギーで発電機を回す**というものです。日本では大分県の八丁原発電所（11万kW）が最大です。

　しかし、地熱発電の実用化は問題が多く、現在でも、日本の総発電量の0.3％程度に過ぎないようです。

　潮の干満は、地球と月の引力というエネルギーによるものです。これを用いて発電しようとの試みがあり、潮汐発電といいます。海洋エネルギーを用いた発電としては最も現実的なものです。

　潮汐発電は水力発電の変形です。入り江に堰をつくります。満潮の時には堰を開いて海水を入り江に入れ、満杯状態にします。干潮の時には堰を閉じます。すると、入り江と外洋との間に高低差ができますから、入り江の水を放水し、その位置エネルギーで発電するというものです。

　フランスのランス潮汐発電所（24万kW）が有名ですが、フランスの場合、発電に掛かるコストは1kW当たり、原子力発電の25ユーロ・セントに対して18ユーロ・セントと、**潮汐発電のほうが原子力発電よりもコスト的に有利**になっています。

　風を利用した発電が「風力発電」です。**風力発電の長所は燃料を使わず、廃棄物無しに発電できるクリーンエネルギー**ということです。それに対して、短所もいくつもあります。

　まず、1基当たりの発電量が500kW程度と、非常に小さいことです。また、風力のエネルギーは風速の3乗に比例するので、効率的な発電を行なうためには、高い風速が必要になります。理論的な発電効率は60％ほどといわれています。しかし、風はいつも同じ

速度で吹くわけではありませんので、発電量が季節、日にち、時間帯によって変動します。さらに、風が強い地方でなければ実用的な発電はできません。

　世界的に見ると風力発電の発電量は確実に増加しています。とくにドイツで盛んであり、世界の風力発電量の36%を占めています。次がアメリカ（18%）、スペイン（13%）と続いています。

　日本では、毎年のように訪れる台風の巨大なエネルギーを利用しようとするベンチャー企業もあります。1つの大型台風のエネルギーは、日本の総発電量の50年分もあるそうです。風力発電では大きなプロペラを用いますが、台風のような強風時には折れることがあります。

　この台風発電ではプロペラは使わず、垂直軸型マグナス式風力発電機と呼ばれるもので実用化を目指しています。

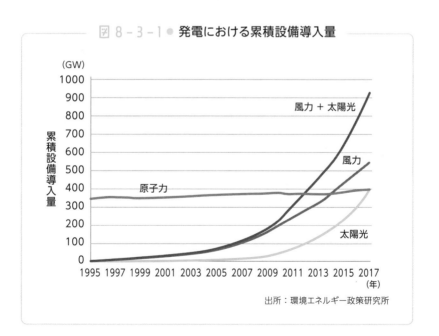

図 8-3-1 ● 発電における累積設備導入量

出所：環境エネルギー政策研究所

8-4

故障知らず、地産地消の省エネ型、廃棄物なしのクリーンエネルギー

── 太陽エネルギー

太陽は地球にとって最大のエネルギー源です。太陽から地表に送られてくるエネルギーは1平方メートル当たり約1kWといわれています。このエネルギーを熱源、さらには電気エネルギーに変換しようとの試みが行なわれています。

太陽のエネルギーは熱と光に分けて考えることができます。

● 太陽を熱エネルギーとして利用

太陽の熱エネルギーの原始的な利用法は温水器です。屋根の上に水槽をおき、太陽光で温められた水を風呂などで使います。

進んだものとしては、太陽熱で発電しようというものもあります。しかしこの場合には高温を必要とするので、数多くのレンズや反射鏡を用いて太陽熱を一箇所に集中させる必要があります。

● 光エネルギーを利用する

太陽光エネルギーの利用に関しては、太陽電池が注目を集めています。太陽電池は太陽光エネルギーを直接電気エネルギーに変換するものです。

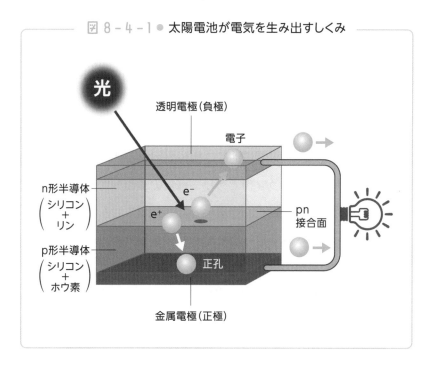

図 8-4-1 ● 太陽電池が電気を生み出すしくみ

光

透明電極(負極)

電子

n形半導体
$\left(\begin{array}{c}\text{シリコン}\\+\\\text{リン}\end{array}\right)$

e^-

e^+

pn
接合面

p形半導体
$\left(\begin{array}{c}\text{シリコン}\\+\\\text{ホウ素}\end{array}\right)$

正孔

金属電極(正極)

太陽電池にはいくつかの種類がありますが、基本的なものはシリコン（ケイ素）を用いたシリコン太陽電池です。

シリコンSiは周期表で価電子が4個の14族元素であり、半導体です。これに価電子が3個の13族元素のホウ素Bを少量加えると、価電子が不足するp型半導体になります。

一方、シリコンに価電子が5個の15族のリンPを少量加えると、価電子が過剰なn型半導体となります。

このp型、n型半導体を重ね合わせ、透明電極と金属電極で挟んだものが太陽電池です。

透明電極を通して差し込んだ光が薄いn型半導体を透過し、両半導体の接合面（pn接合）に達すると、電子と正孔が発生します。この電子は負極に移動し、正孔は正極に移動し、外部回路を移動し

て電流になるのです。

　光エネルギーの何％を電気エネルギーに換えたかを表わす指標を変換効率といいます。シリコン太陽電池の変換効率は15 ～ 25%程度です。

　太陽電池には多くの長所があります。

　まず第一の長所は、太陽電池には故障が無いことです。太陽電池はガラスや焼き物のような物であり、機械のような可動部がありません。そのため故障が無く、修理の心配もありません。

　第二の長所は、太陽電池は地産地消型エネルギーであることです。太陽電池は一般家庭の屋根に設置することができ、それを自ら利用できます。ですから、原子力発電や水力発電のように、発電所から遠く離れた消費地まで、電気を長距離送電するための設備は不要です。送電のためのメンテナンス、補修費も不要です。送電時の電力ロスもありません。

　第三の長所は、動かすための燃料、そして廃棄物が無いということです。太陽電池は製造して設置してしまえば、その先は一切の燃料は不要です。燃料を使わないので、太陽電池から廃棄物も出ません。環境に優しいといわれるゆえんです。

　もちろん、短所もあります。その1つは「発電効率が低い」ということですが、これも改善されています。もう1つ、太陽電池は高価であるという点ですが、これに関してはメーカーの努力を待つところです。

廃棄物から固形燃料、エタノール、熱源としても使える

―― バイオマスエネルギー

生物が生産した有機資源のうち、再生可能なものをバイオマスといいます。化石燃料も生物起源と考えられますが、再生可能ではないのでバイオマスとは呼ばれません。

バイオマスの典型は植物です。植物は二酸化炭素と水を原料とし、太陽光をエネルギー源として光合成を行ない、グルコースなどの糖類を合成します。光合成が太陽エネルギーを利用する際の理論効率は1%といわれています。植物は合成した糖の大部分をデンプンやセルロースなどの天然有機高分子として体内に貯蔵します。人間は自分が消化できるデンプンを食物として利用し、消化できないセルロースを各種構造材や燃料として利用してきました。

植物を燃焼すれば二酸化炭素を発生しますが、その量は植物が光合成によって自分の中にとり入れた量と同じです。したがって二酸化炭素は植物を通じて循環しているだけなので、植物は再生可能エネルギーと考えられるのです。

植物を構造材として利用するときに、植物体のすべてを利用するわけではありません。多くの廃棄物が出ます。これを燃料として利

用する試みが行なわれています。廃棄物は構造材作成の段階だけで出るものではありません。古い構造物を壊すときにも出ます。また、食物の廃棄物、すなわち生ゴミも立派な廃棄物です。

　これらを脱水、整形して使いやすい形状にして燃料として用いるのです。RDFと呼ばれるゴミ固形燃料はその1つです。

　バイオマスで注目されるのは、微生物を利用したものです。微生物にはいろいろの種類のものがあります。ある種の微生物は発酵によってサトウキビの搾りかすなどからエタノールをつくります。さらには糞尿からメタンを発生する菌もあります。

　メタンは天然ガスと同じで、重要な燃料です。また、発酵の際には発熱しますので、その熱もまた熱源として用いることができます。そして最後に残った発酵液は肥料として有効利用できます。

　このように、バイオマスは、固形燃料（RDF）、液体燃料（エタノール）、気体燃料（メタン）として利用できるだけでなく発酵を用いる際にはその発酵熱なども熱源として使えるのです。

●人工光合成

　バイオマスエネルギーは既存の生物を利用してエネルギーを取り出すものですが、現代科学は生物の働きそのものを人工的に再現しようとしています。これが成功すれば、水を太陽光で分解して熱エネルギーの素である水素を得ることはもちろん、二酸化炭素と水から全生物のエネルギー源である炭水化物をつくりだすことも可能になります。

その意味で、「人工光合成」こそ、21世紀最大の科学プロジェクトなのです。

植物の行なう光合成は、太陽光エネルギーを使って水と二酸化炭素を原料としてデンプン、セルロースなどの炭水化物をつくり出す反応ですが、二段階に分けて考えることができます。つまり、光エネルギーを用いて水を酸素と水素に分解する「明反応」と、生成された水素と大気中の二酸化炭素から炭水化物を合成する「暗反応」です。

「明反応」では、植物の場合、クロロフィルが光エネルギーを吸収し、水を分解する触媒の役割を果たします。人工光合成でこの働きをするのが、酸化チタンを使った「光触媒」です。

後半の「暗反応」は、人工光合成の場合には水素と二酸化炭素を、合成触媒を使ってギ酸（$HCOOH$）やメタノール（CH_3OH）などの有機化合物に合成します。

酸化チタン触媒の弱点は、紫外線しか利用できないことです。このため太陽光エネルギーの変換効率は0.1％程度です。実用化するには最低でも10％を超える変換効率が必要とされます。しかし最近、植物の光合成の変換効率の4倍近くになる変換効率3.7％の光触媒が開発されました。

つまり光合成の前段階は実用の域に近づいているのです。後は第二段階の炭水化物の合成です。しかしこれは、欲をいわなければ既存の化学技術で十分に間に合います。つまり、人工光合成のプロトタイプはほぼ完成しているといえるのです。

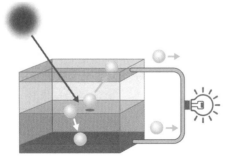

第9章

身体の環境

——健康をどう守るか

ちょっとした知識で
毒物から身を守る
── 毒物と薬物

　この章では、私たちの「身体」も環境ととらえ、それをいかに守るかについて考えていきたいと思います。

　私たちはさまざまな化学物質を体内にとり入れます。そのうち、病気や怪我の苦しみを和らげてくれるものを「薬物」と呼び、生命を脅かすものを「毒物」と呼びます。

● 少量で死に至らしめるのが「毒物」

　毒物とは、体内に入ると生命を脅かすものです。しかし、そのようなものはたくさんあります。水だって大量に飲めば水中毒になって命を落とすことがあります。生命活動に欠かせない食塩（塩化ナトリウム $NaCl$）も、大量に摂れば血圧異常から成人病を引き起します。過ぎたるは及ばざるごとしです。結局、毒というのは、「少量で命を脅かすもの」ということになります。

　その毒の強弱を定量的に表わしたものを「致死量」といいます。図9-1-1のグラフは、検体に毒物を飲ませた場合の服用量と、それによって死んだ検体の割合（%）の関係を表わしたものです。

　この実験で、半分（50%）の検体が死んだときの服用量を半数致死量 LD_{50} といい、体重kg当たりの量で表わします。したがって

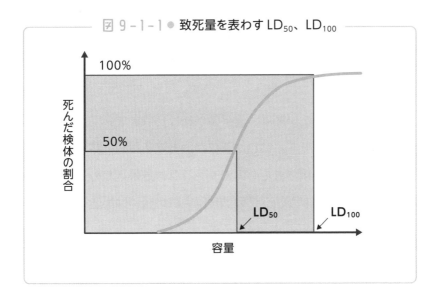

図 9-1-1 ● 致死量を表わす LD_{50}、LD_{100}

100%

死んだ検体の割合

50%

LD_{50} LD_{100}

容量

図 9-1-2 ● 毒の強度のランキング

	毒の名前	致死量 $LD_{50}(\mu g/kg)$	由来
1	ボツリヌストキシン	0.0003	サルモネラ菌
2	破傷風トキシン（テタヌストキシン）	0.002	破傷風菌
3	テトロドトキシン(TTX)	10	動物（フグ）／微生物
4	VX	15	化学合成
5	ダイオキシン	22	化学合成
6	アコニチン	120	植物（トリカブト）
7	サリン	420	化学合成
8	コブラ毒	500	動物（コブラ）
9	ヒ素（As_2O_3）	1430	鉱物
10	ニコチン	7000	植物（タバコ）
11	青酸カリウム	10000	KCN
12	酢酸タリウム	35200	鉱物CH_3CO_2Tl

出所：『図解雑学 毒の科学』(ナツメ社)を一部改変

LD_{50}の小さい毒物ほど、強力ということになります。

　図9-1-2は、いろいろの毒物を「強さの順」で並べたものです。サルモネラ菌など、菌類の出す毒素の強さが目立っています。

　魚介類の「毒」といえば、フグ毒があげられます。フグの毒素はテトロドトキシンです。これはフグが餌とする貝類に含まれるものがフグの体内に蓄積されたものです。フグは危険なためフグの調理師は免許が必要ですが、フグの調理師免許の扱いは都道府県によって異なります。

　もう1つ、魚介類であげるとすると「貝毒」があげられます。貝毒は季節によって起こるものです。これは季節によって発生する有毒プランクトンを貝が食べることによって、体内に蓄積されるものだからです。

　植物にも毒があります。いちばん有名ともいえるのが「トリカブト」でしょう。毒草のトリカブトを山菜のニリンソウと間違えたり、ニラと有毒の水仙とを間違える事故が後を絶ちませんので、気をつけなければなりません。

　ワラビにはそのまま食べると発ガン性の毒物、プタキロサイトが入っています。けれども、**アク抜きの操作で完全に毒素が除かれる**ことがわかっています。アク抜きは、灰汁に含まれる塩基による加水分解によって、有害物質を無毒化する操作です。ダテにアク抜きをやっているわけではないのです。

　植物毒といえば、毒キノコもあります。キノコの毒は幻覚症状を起こすものから命に関わるものまで、いろいろの種類があります。毒キノコを見分ける方法はいろいろといわれていますが、「すべて

正しくない」と思っておいてよいでしょう。シロウトが自分で山に入ってキノコを採ってくることだけは避けましょう。

● 天然の薬物から人工合成した薬物へ

人類は昔から植物、動物、鉱物などを薬として利用してきました。しかし19世紀末から、薬を化学的に合成することができるようになりました。

まず、薬物というのは、**多くの毒物が同時に薬にもなる**というのが基本です。違いは摂取量です。たとえば猛毒の植物トリカブトはたくさん摂取すれば命を失いますが、少量飲めば強心剤にもなることが知られています。昔から「毒と薬はサジ加減」というのはこのことを表わしたものです。

人類が最初に合成した薬は現在も服用され続けています。それは解熱消炎剤の**アスピリン**です。アスピリンはベンゼン系化合物のサリチル酸に酢酸を作用させてつくったアセチルサリチル酸です。アスピリンは商品名です。現在でも、アメリカだけで年間1万5000トンものアスピリンが消費されているといいます。

「**抗生物質**」もあります。微生物が分泌する化学物質で、他の微生物の生存を阻害する物を抗生物質といいます。**ウイルスは生物ではないので、抗生物質は残念ながらウイルスには効きません。**第二次大戦末期、イギリスの首相チャーチルが肺炎を起こし、最初に発見された抗生物質であるペニシリンによって治ったという「都市伝説」によって一躍、抗生物質は有名になりました。

かつて亡国病として恐れられた「肺結核」がほぼ撲滅されたのは、抗生物質のストレプトマイシンのおかげといってよいでしょう。

9-2

疲労感や恐怖をも忘れさせる恐ろしい薬物の姿

—— 麻薬・覚せい剤・危険ドラッグ

　麻薬や覚せい剤は、脳と神経細胞に作用する化学物質です。そのため、神経毒の一種とみなすことができます。しかし、麻薬、覚せい剤の特徴は、耐性と離脱（禁断）症状があることです

● 「薬物」の耐性と依存性を知る

　一般に薬物を摂取した場合の被害の現れ方は次の3つに大別することができます。

①摂取すると数時間以内に症状が現れる

②摂取した毒物の総摂取量が閾値（いきち）を超えてから症状が現れる

③摂取回数に従って摂取量が増え（耐性）、摂取を止めると離脱症状（禁断症状）が現れる

　麻薬と覚せい剤（まとめて薬物と呼ぶことにします）に特有の症状がこの③です。一度薬物を摂取すると、それだけでは済まなくなります。

　最初は、摂取すると疲労感が消え、幸福感が味わえるといいます。しかし薬物の効果が消えれば幸福感も無くなります。そこでまた薬物に手を出す、ということを繰り返すうちに、幸福感を得るために必要とする薬物の量が増えてきます（これが耐性です）。

そのうち、罪悪感、あるいは経済的な理由によって薬物摂取ができなくなると、激しい離脱症状（禁断症状）が現れ、そのために薬物摂取を止める（断薬）ことができなくなる、という繰り返しによって、最悪の状態に陥るのが薬物の典型的な害です。

脳に耐性と離脱症状を伴う害を与える物質を一般に「薬物」ということがあります。薬物は、薬草などの自然界の物質や化学物質に由来し、化学的に精製された物質のことをいいます。薬物といっても、もちろん、薬ではありません。

薬物は「麻薬」と「覚せい剤」の2種類に大別されます。

とはいうものの、この2種類の分別の仕方は必ずしも化学的なものではありません。

そのため、両者をあえて区別することなく、併せて「薬物」と呼んだ方が実情に合っているように思われます。

それはともかくとして、一般に麻薬類は、摂取すると恍惚状態に陥り、現実と夢との区別がつかなくなる物質のことをいいます。

麻薬の代表はアヘンです。アヘンはケシの未熟な果実から採ります。果実に傷をつけると滲み出す樹液から重要成分だけをとり出したものをアヘンといいます。しかし、これも各種の成分の混合物であって、主な成分はモルヒネとコデインです。

モルヒネに無水酢酸を作用させるとヘロインとなります。ヘロインは麻薬効果が非常に強いので、麻薬の女王とまで呼ばれます。

最近、社会的な問題になっているのは大麻です。大麻は麻とも呼ばれ、植物繊維の原料として重要な栽培植物です。大麻は、伊勢神宮の神札（お札、おふだ）を大麻と呼ぶことからも、その重要性が

うかがえます。

　麻の葉および花冠を乾燥または樹脂化、液体化させたものをマリファナと呼びます。マリファナの主成分はテトラヒドロカンナビノールTHCです。

　大麻には覚せい作用があり、摂取すれば精神的に高揚した異常な状態になります。しかし依存性があることから、やがて抜け出ることができなくなって、精神、肉体を病むことになります。

　大麻に関しては合法の国もあり、日本でもいろいろの説が出回っています。それは薬理性がある、タバコより害が少ない等です。薬理性はアヘンにもあります。タバコが有害なのは誰しも認めるところです。それより害が少ないということは、有害の証明です。私たちは日本に住んでいます。賭博をしたら罪に問われます。それが元になって道を誤ります。大麻、覚せい剤、麻薬には絶対に手を出してはいけません。

● 覚せい剤に似た危険ドラッグ

　覚せい剤の特徴はなんでしょうか。麻薬とは反対に、**覚せい剤は疲労感を忘れさせるだけでなく、恐怖感をも感じさせなくする**、という働きがあります。そのため、多くの国で戦地に赴く兵士に供給された歴史があります。

　覚せい剤の代表はアンフェタミンとメタンフェタミンです。これは麻黄（まおう）から抽出された喘息の特効薬エフェドリンを化学的に合成しようとしている時につくられた合成化学物質です。服用した場合の有毒性は麻薬とまったく同じです。

　麻薬、覚せい剤は構造式が明らかになっている化学物質です。こ

のような分子の化学合成法は確立されており、訓練を積んだ化学者なら合成は可能です。さらにその分子構造の一部を変化させることも簡単なことです。

いま、取り締まる側が分子Aを覚醒剤に指定したとしましょう。それでは分子Aのごく一部を化学的に変化させたA'はどうなるのでしょうか？　取締りの対象になるのでしょうか？

このA'のような物が危険ドラッグです。しかし、化学物質は構造の一部でも変化させれば、それは別の物質です。たとえば、エタノール CH_3CH_2OH とメタノール CH_3OH はよく似た分子構造です。しかし、エタノールを飲むと酔って気持ちよくなりますが、メタノールを飲むと目が潰れて死んでしまいます。

危険ドラッグA'も同じです。Aに似ているから、覚せい作用があるかもしれませんが、もしかすると恐ろしいほどの毒性があるかもしれません。買った人は高いお金を払ったうえで、モルモット代わりにされるのです。大切な命を、モルモット扱いにされたのでは、たまったものではありません。

なお、タバコやお酒は薬物ではないと思っている人が多いと思いますが、これらは「ゲートウェイドラッグ」と呼ばれます。つまり、タバコやお酒は、より副作用や依存性の強いドラッグに移行するための「入り口」（ゲートウェイ）になりうるという意味です。

タバコはドラッグへの入り口?

9-3

DNA情報をミスコピーさせ、実際にガンに導く2段階方式

—— 発がん物質

　ガンを撲滅することは人類の悲願といってもよいでしょう。しかし残念ながら、現在のところ、すべてのガンに効く特効薬は開発されていません。

　ガンはDNAの損傷によって誤った遺伝情報がつくられ、それにしたがって増殖した細胞と考えられています。

　発ガンのしくみは2段階と考えられています。第1段階は誤ったDNA情報の作成です。この段階に関わる毒素を発ガン剤といいます。第2段階は誤ったDNAを持った細胞を実際のガンに導く毒素で、助ガン剤といいます。

　しかし、発ガン性を疑われる物質が発ガン剤なのか、助ガン剤なのかを決定するのは困難なことが多いようです。

　現在、多くの抗ガン剤が開発され、大きな効果をあげています。抗ガン剤の作用の典型的なものはDNAの分裂複製を阻害するものです。DNAの複製は、DNAヘリカーゼという酵素による二重らせん構造の分解と、DNAポリメラーゼという酵素による新DNA鎖の合成という2段階の操作で進行します。

　アルキル化剤というものがあります。これは第1段階を阻害する

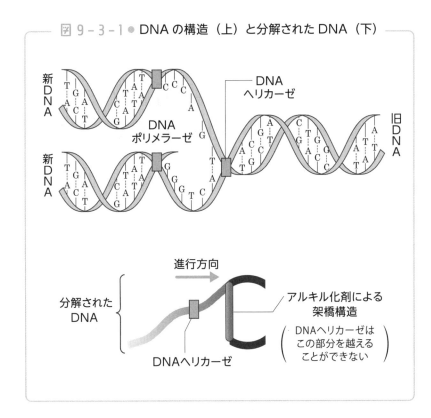

図 9 - 3 - 1 ● DNA の構造（上）と分解された DNA（下）

新DNA

DNA
ヘリカーゼ

DNA
ポリメラーゼ

旧DNA

新DNA

進行方向

分解された
DNA

アルキル化剤による
架橋構造

DNAヘリカーゼは
この部分を越える
ことができない

DNAヘリカーゼ

薬品です。この薬剤は反応部位が2か所あり、それぞれがDNAの二重らせんを構成する2本のDNA鎖に結合します。この結果、2本のDNA鎖はこの薬剤によって架橋結合されることになり、その部位以上分解されることはありません。そのため、DNAは複製できなくなります。白金製剤が有名です。

　ポリメラーゼ阻害剤というものもあります。これはDNA複製機構の第2段階を司る酵素、DNAポリメラーゼの働きを阻害する薬剤です。抗ガン性抗生物質と呼ばれる一群の抗生物質はこのような働きをするものと考えられています。

9-4

中毒を起こす細菌ごとに恐ろしさを知っておこう！

—— 食中毒と微生物

　飲食物によって起こる、急性胃腸炎を主とした病気を「中毒」といいます。中毒の原因は、飲食物そのもの、あるいはそれに含まれる化学物資の他に、微生物やウイルスが関与するものがあります。

　微生物にはまず、病原性大腸菌があります。大腸菌は私たちの腸管の中に存在し、毒性の無いものが大部分ですが、中には毒素を出すものがあります。出血性大腸菌O-157はその例です。潜伏期間が数日間と長いため、原因の究明が困難です。

　黄色ぶどう球菌は、人間の皮膚や粘膜、とくに化膿した傷に広く存在します。黄色ぶどう球菌が増殖を始めると、毒素を分泌し、これが食中毒の原因になります。この毒素は丈夫であり、100℃、30分の加熱に耐えます。

　腸炎ビブリオ菌も有名です。この菌は海中に多く存在するため、魚介類による食中毒の原因になります。熱と真水に弱いので、よく洗浄し、加熱をすることが大切です。

　サルモネラ菌は自然界に広く分布し、動物の腸内にも存在します。そのため、生タマゴが汚染されていることがあります。加熱に弱いので、十分に加熱し、調理品はすぐに食べることが大切です。生タ

マゴを食べるときは、殻に傷がついていないかどうかを確認することも大切です。

ボツリヌス菌は嫌気性なので缶詰、瓶詰めなどの保存食品で発生します。死亡率の高い危険な菌ですが、血清の開発で治療効果が上がるようになりました。

ウイルスにはノロウイルス、ロタウイルス、アデノウイルスがあります。

図9-4-1は、月別に見た食中毒患者数で、2016年〜2018年までの3年間の数値をもとに、筆者がその平均値を算出したものです。これを見ると、12月にピークに達し、その後は春先まで多く、夏から秋にかけては減少する傾向が見られます。冬には会食の機会も多く、ウイルスの働きが活発になるので、ウイルス性の食中毒が加わるためと思われます。

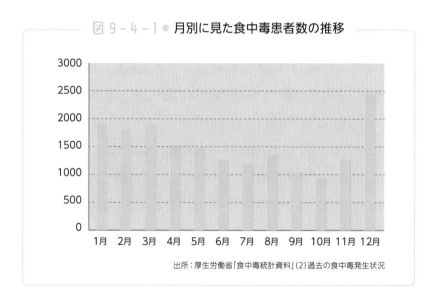

図 9-4-1 ● 月別に見た食中毒患者数の推移

出所：厚生労働省「食中毒統計資料」(2) 過去の食中毒発生状況

9-5

白血球が人体を救う
メカニズム

—— 免疫とアレルギー

生体は、有害なものが体内に入ったときに直ちに撲滅排除する機構を備えています。それを**免疫機構**といいます。

免疫は主に血液が行なう作用です。血液を構成する成分のうち、赤血球と血小板を除いた物はまとめて白血球と呼ばれます。免疫機構はこの白血球が中心になって行なう作用です。

白血球にもいろいろの種類がありますが、主なものは①顆粒球（かりゅうきゅう）、②リンパ球、③単球です。

そして、この①顆粒球の中に、好中球、好酸球、好塩基球があります。その中でも、好中球は体内に入ってきた細菌などをパクパクと食べまくる貪食（どんしょく）細胞で、白血球全体の55％ほどの割合を占めています。白血球の主力というわけです。

②リンパ球にはＴ細胞、Ｂ細胞、ＮＫ細胞などがあります。このＴ細胞にはヘルパーＴ細胞、キラーＴ細胞の２種類があります。

最後の③単球にはマクロファージがいます。好中球のことを「パクパクと貪食する」といいましたが、マクロファージはそれ以上の健啖家（けんたんか）で、大食家です。たくさんの細菌も食べますが、死んだ好中球をも食べて処理してしまいます。

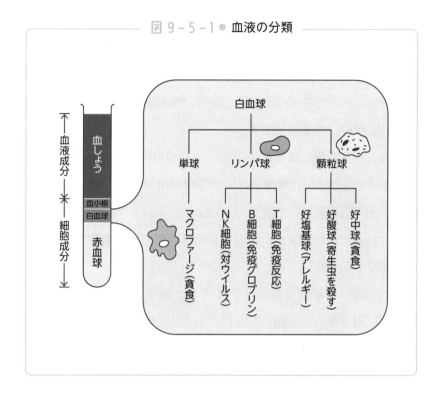

図 9－5－1 ● 血液の分類

● 身体のなかで行なわれている抗原抗体反応

　免疫細胞は体内に入った異物、抗原をどのように迎え撃つのでしょうか。

①好中球：まず攻撃に出るのは好中球です。好中球は異物を見つけたら、何でもパクパク食べてしまいます。

②マクロファージ：好中球で太刀打ちできない強敵が現れると、今度はマクロファージが出動します。マクロファージは異物を食べるだけでなく、異物の残骸を自分の体につけて異物の種類を味方に示します。

③ヘルパーＴ細胞：好中球やマクロファージの戦闘振りを見ていた

ヘルパー T 細胞は、キラー T 細胞と B 細胞に命令を下します。

④ キラー T 細胞：ヘルパー T 細胞の命令を受けてキラー T 細胞が出撃します。「キラー」という名前からもわかるように、とても乱暴者です。敵だけでなく、ときには味方をも攻撃することがあるので、その行動には要注意です。

⑤ B 細胞：B 細胞には、敵に相応しい武器の作成命令が下ります。B 細胞は抗原からの情報を受けて「感作細胞」という細胞に変質し、同時にその抗原専用の武器を生産します。このようにしてできた武器が「抗体」なのですが、この抗体の作製までに 1 週間ほど掛かるのが困りものです。

⑥ 感作細胞：B 細胞が武器をつくると、感作細胞（旧「B 細胞」）はこの武器を手にして闘いに加わります。このような強力な援軍がきたときには、その生体は万全の戦闘態勢です。

　こうして、「ついに敵は殲滅された」ということになって病気から回復となります。

● アナフィラキシーショック

　今回の闘いでは抗体をつくるのに一週間も掛かりましたが、次に同じような敵がきたときには、直ちに有効な武器をつくれるように、B 細胞は「抗体の設計図」を残しておきます。

　そして同じ抗原がきた場合、「待ってました！」とばかりに抗体が出撃します。

　このときの出撃は初回の出撃とは、速さも量も桁違いです。空き巣狙いに対して軍隊が出撃するようなものです。

　実はこれが大きな問題を引き起こすことがあります。というのは、

空き巣の被害は大したことは無かったのに、軍隊まで出動してきたために、戦場になった生体自身がボロボロということになります。これがアナフィラキシーショックです。蜂に刺されただけで命を落とすようなことになるのは、実はこのような「抗原抗体反応」が過剰に作動したケースなのです。

　アナフィラキシーショックまでいかないのが「アレルギー」です。アレルゲンと呼ばれる抗原によって引き起こされるアナフィラキシーショックの、いわば緩和なものと考えることができます。

　抗原としては、花粉、ほこり、食物など多彩です。どのアレルギーにも効く特効薬というものは無く、個々の症状に対応しての個別療法しかないのが現状です。抗ガン剤と同様に、有効な抗アレルギー剤の開発が望まれます。

かんきょうとかがくの窓

ウイルス検査薬

　2020年に新型コロナウイルスが蔓延しました。ウイルスに感染しているかどうかを判定するのがウイルス検査薬です。

　PCR法がよく知られていますが、これはウイルスの核酸、DNAの有無を判定するものです。ウイルスにはDNAでなく、RNAを持っているものもいますが、この場合にはTCR法と呼ばれる手法を用います。どちらも鋭敏で正確ですが、判定には特殊な装置と訓練された技師が必要です。

　それに対して、核酸を用いない方法もあります。これは抗原抗体反応を用いるものです。したがってウイルスそのものの存否を見るのではなく、かつてウイルスが「居たかどうか」を見る手法です。こちらは簡単な器具により短時間で判定できるため、クリニック等の医療現場でも利用できます。

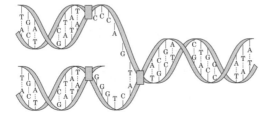

第**10**章

原子力は環境と
折り合いをつけられるか

235U

10-1

原子が分裂する時、あるいは融合する時には巨大なエネルギーを放出する

—— 原子核エネルギー

発電所のタービンを回すエネルギーには、主に、

①化石燃料の燃焼による熱エネルギー

②風力や水力、太陽光等の再生可能エネルギー

③原子力エネルギー

の3つがあります。

ここまでに、①の化石燃料、②の再生可能エネルギーについて見てきましたが、③の原子力エネルギーに関しては、「エネルギーの安定供給」という大きなメリットがある反面、いったん事故を起こすと取り返しのつかない大惨事になるという、大きな危険性があります。

なぜ、原子力では化石燃料や再生エネルギーとは違い、それほど恐ろしい危険があるのでしょうか。最初に、そのしくみを見ておきましょう。

● 原子のしくみとウランU

原子は原子核と電子からできています。原子核はさらに陽子と中性子という2種の粒子からできています。原子核を構成する陽子の個数を原子番号Zといいます。また、陽子の個数と中性子の個数の

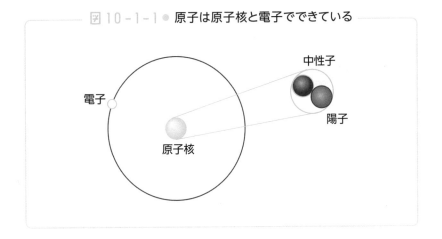

図 10-1-1 ● 原子は原子核と電子でできている

中性子

電子

陽子

原子核

和を質量数といいます。

　原子には原子番号が同じなのに、質量数の異なるものがあります。このような原子を互いに同位体といいます。水素には質量数1、2、3の3種の同位体があります。天然の元素に占める各同位体の割合を存在度といいます。水素ではほとんどすべてが質量数1であることがわかります。

　原子炉の燃料に使われるウランUには質量数235のウラン235（^{235}Uと表記）と質量数238のウラン238（^{238}U）があり、そのうち原子炉の燃料になることができるのはウラン235ですが、その割合は0.7%に過ぎません。

● 原子核のエネルギー

　原子核には低エネルギーで安定な物と、高エネルギーで不安定な物があります。図10-1-2は原子核のエネルギーと質量数の関係を表わしたものです。水素のように小さな原子も、ウランのように大きな原子も共に不安定であり、質量数60ほどの元素、すなわち鉄

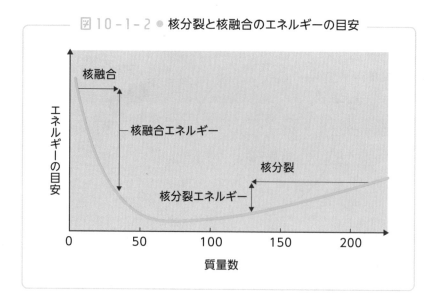

図10-1-2 ● 核分裂と核融合のエネルギーの目安

などの元素がいちばん安定であることがわかります。

　図10-1-2は核反応エネルギーには2種類があることを示しています。1つは、**大きな原子が分裂して小さくなるときに放出されるエネルギー**です。このエネルギーのことを核分裂エネルギーといいます。原子爆弾（原爆）はこの核分裂エネルギーを使ったもので、それを平和利用したものが原子力発電（原発）です。原発は、この核分裂エネルギーの力を利用しています。

　一方、**小さい原子が融合して大きな原子になる際にも、エネルギーが放出され**ます。このようなエネルギーのことを核融合エネルギーといいます。核融合反応は太陽などの恒星の内部で起こっている反応で、水素爆弾（水爆）はこの核融合反応を利用したものですが、人類はまだ、この核融合エネルギーを平和的に利用する技術を持っていません。

中性子が多数出れば爆発し、1個にコントロールできればエネルギー利用できる

—— 原子核反応

● 核分裂反応

　原子核の反応の1つは、前節で見た**核分裂**と**核融合**です。核分裂反応の典型はウラン235（^{235}U）のものです。**ウラン235に中性子が衝突**すると、ウラン235は核分裂して膨大な量の核分裂エネルギーを放出します。

　と同時に、多くの種類の核分裂生成物と共に、数個の中性子を放

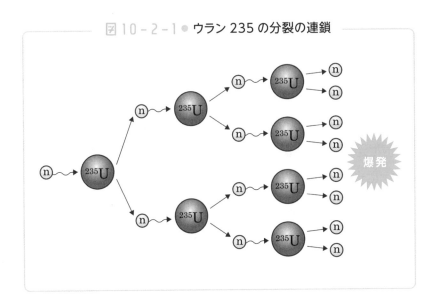

図10-2-1 ● **ウラン235の分裂の連鎖**

出します。この中性子が別のウラン235に衝突すると、それがまた分解してエネルギーと共に数個の中性子を放出し、その中性子がさらに……という具合に、**核分裂は世代を重ねるごとに増殖を続け、ついには爆発**に至ります。これが原子爆弾の原理なのです。このような反応を枝分かれ連鎖反応といいます。

　核分裂反応が爆発に至るのは、1回の核分裂反応で発生する中性子が複数個だからです。もし核分裂反応で1個しか中性子が発生しないなら、核分裂反応は同じ規模で続いていくだけで、爆発には至りません。これが原子炉（原子力発電所）での反応であり、定常燃焼と呼ばれます。

● 原子核崩壊と放射線

　原子核反応のもう1つの典型は崩壊反応です。崩壊反応とは、原子核が放射線と呼ばれるエネルギー粒子を放出して、他の原子核に変化する反応です。「放射性元素、放射線、放射能」などと似た言葉がありますが、この反応を観察すると言葉の意味がよく理解できます。

　原子核崩壊を、野球のピッチャーの投球にたとえてみましょう。ピッチャーは「放射性元素」で、ボールが「放射線」です。ピッチャー（放射性元素）から投げられたボール（放射線）が、バッター（被害者）に当たったら、バッターは怪我をします。「放射能」とは、ピッチャーとしての能力です。すべての放射性元素は放射能（能力）を持っています。重要なことは、当たると怪我をする理由は放射線が原因、というわけです。

放射線にはいろいろの種類があります。α 線（アルファ線）はヘリウム 4（^{4}He）の原子核が高速で動きまわっているものであり、β 線（ベータ線）は高速移動する電子です。しかし、γ 線（ガンマ線）はこれらとは異なり、高エネルギーの電磁波です。

放射線にはこのほかにも、中性子線、陽子線などの重粒子線と呼ばれるものがあります。これらはエネルギーが大きくて破壊力も強いものです。中でも中性子は電荷も磁性も持たないので、細胞の中に"静か"に入り、回復不可能な損傷を与えることがあります。

一方、人間の制御が可能な陽子線はガン細胞の撲滅などにその効果を発揮しています。

10-3

うまく原子炉を運用する ための材料と問題点は？

―― 原子炉の原理と構造

放っておけば原子爆弾のように爆発する核分裂反応を、原子炉はどのようにして平和的に使っているのでしょう。その原理部分を見てみましょう。

● 原子炉で使われる材料

　原子炉はいくつかの重要な材料からできています。その1つが「燃料体」です。これは、燃料に当たるウラン235のことです。

　天然ウランに含まれるウラン235は0.7%に過ぎないので、濃度を数％に上げる必要があります。原子爆弾に使う場合には数％ではなく、90%程度まで上げる必要があるといいます。この操作を濃縮といいます。

　濃縮はウランをフッ素Fと反応して気体の六フッ化ウランとし、これを何段階もの遠心分離に掛けて行ないます。燃料に使わないウラン238（^{238}U）部分は劣化ウランと呼ばれ、比重が19.1（鉄の比重：7.9）と高いので、弾丸などに用いられます。これに対して、「戦場を放射線で環境汚損する」という批判が出されています。

　原子炉に使われる材料としては、ほかに「制御材」があります。ウランが爆発するのは、1回の核分裂で発生する中性子が複数個の

場合、連鎖反応が起きるためでした。そこで、ウランを爆発でなく定常反応（定常燃焼）させるためには、余分な中性子を原子炉内から除いてやればよいことになります。その役割をするのが制御材です。

　制御材には、中性子を吸収する性質のあるカドミウムやハフニウムが用いられます。カドミウムといえば、昔は使い道が無いために廃棄され、イタイイタイ病の原因になったものが、現代では重要な役割を担う金属になっているのです。

　ほかにも、重要な材料があります。「減速材」です。ウラン235に衝突して核分裂を起こさせる中性子には、条件が必要です。それは、**速度の遅い熱中性子**でなければならないということです。

　しかし、核分裂で発生する中性子は運動エネルギーをタップリ持った高速の中性子です。この高速中性子の速度を落とすために使われる物質を「減速材」といいます。

　中性子の速度を落とすためには、同じくらいの質量をもつ物体、すなわち水素原子核に衝突させるのが効果的です。このため、減速材としては多くの場合、「水」が用いられます。このような原子炉を軽水炉といい、日本の原子炉はすべてが軽水炉型です。しかし、軍事用の目的として、原子爆弾に使われるプルトニウムをつくろうとする場合には、減速材として重水、あるいは黒鉛を用いることもあります。

　「冷却材」も原子炉に使われる重要な材料です。原子炉で発生したエネルギーを発電機に伝えるためには、熱媒体、冷却材が必要です。多くの原子炉では冷却材として「水」を用います。すなわち、**軽水炉では、水が冷却材と減速材の両方を兼ねている**のです。

第10章 原子力は環境と折り合いをつけられるか

● 原子炉の構造とその問題点

　原子力発電は、決して神秘のベールに包まれたものではありません。火力発電と同じ原理です。つまり、**お湯を沸かしてスチームをつくり、それを発電機のタービンにぶつけてタービンを回す**ことによって発電します。

　火力発電ではお湯を沸かすのはボイラーです。それを原子力発電では原子炉で行なっているのです。つまり原子炉はボイラーの代わりをしている物なのです。

　図10-3-1は原子炉の内部を極力簡単化して表わした模式図です。原子炉は厚さ20cmほどのステンレス製の圧力容器の中に入っています。そして、その外側を厚さ数cmのステンレスと厚さ2mほどのコンクリートで厳重に覆っています。

　原子炉内で発熱する部分としては燃料体があり、その間に制御材が入っています。制御材を引き上げれば、吸収される中性子が少なくなります。当然、原子炉内の中性子数は増えますので、核分裂は活発化します。反対に制御材を下げれば、多くの中性子が吸収されることになり、原子炉の出力は落ち、やがて停止します。

　原子炉内で発生した熱を外部に運び出すのが冷却水です。冷却水は同時に減速材の役目も果たしています。この冷却水は、原子炉の奥深くまで網の目のように張り巡らされていますので、冷却水は放射性物質で汚染されている可能性があります。そのため、熱交換器によって、原子炉内に入る1次冷却水と、入らない2次冷却水に分けておき、**1次冷却水が外部に漏れ出さないように注意しています。**

原子炉の原理と構造

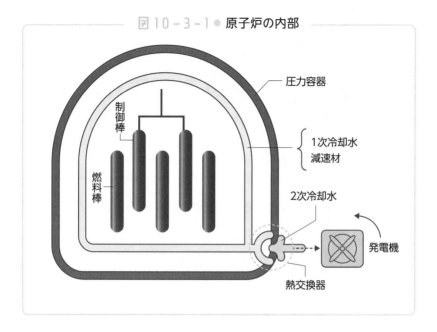

図 10 - 3 - 1 ● 原子炉の内部

圧力容器
制御棒
1次冷却水
減速材
燃料棒
2次冷却水
発電機
熱交換器

　原子炉の問題点としては、核燃料廃棄物、使用を終えた廃炉の2点があげられます。核燃料廃棄物は核分裂生成物ですから多量、多種類の放射性物質が入っています。これらは強い放射能を持ち、長期にわたって放射線を出し続けます。これをどのように処理するかは避けて通れない重要な問題です。

　また、原子炉もいつかは寿命を迎えます。しかし、格納庫の中は放射能で汚染されています。簡単に解体撤去するわけにはいきません。放射能が弱くなるまでは慎重に観察管理を続ける必要があります。

　原子力というと、無尽蔵のエネルギーと錯覚しそうですが、その原料であるウランの可採年数は170年ほどしかありません。このまま使っていけば、石炭（可採年数220年）より先に枯渇することは案外知られていません。

 10-4

原子炉の資源を無限に生み出す魔法のはずだったが……

—— 高速増殖炉とプルサーマル炉

石油ストーブを燃やすと部屋が暖まります。その後で石油タンクを見ると、石油が減っています。当然です。

ところが、ここに魔法のストーブがあります。このストーブは、部屋を暖めた後で、石油タンクの中を見てみると、石油が前よりも「増えている」のです。そんなバカな、と思うでしょうが、このような能力をもった原子炉があります。それが「増殖炉」です。

高速増殖炉は、燃料を燃やすとエネルギーを発生し、その上、使った燃料の量以上の量の新燃料を産み出すという魔法の原子炉なのです。

高速増殖炉の「増殖」はもうおわかりでしょう。燃料が最初よりも増えることです。すると、「高速」とは、「高速で増殖すること」でしょうか。実は、そうではありません。「高速中性子を用いる」という意味です。

● 高速増殖炉の大きなメリット

原子炉の燃料に使う濃縮ウランは、ウラン235の濃度を数％にする必要があります。ということは90％以上はウラン238だということです。このウラン238（^{238}Pu）が高速中性子を吸収すると、

原子核反応を起こしてプルトニウム239（²³⁹Pu）に変化します。

プルトニウム239はウラン235と同じように核分裂を起こすので、原子炉の燃料になります。そして、核分裂に際して高速の中性子を発生します。周囲にウラン238があれば、この高速中性子を吸収してプルトニウム239に変わります。これが「燃料増殖の秘密」というわけです。

すなわち、燃料のプルトニウム239のまわりを非燃料のウラン238で包んだ燃料をつくり（図10-4-1を参照）、プルトニウム239を燃焼（核分裂）します。するとそこから発生した高速中性子によって非燃料のウラン238が、燃料として使えるプルトニウム239に変化するという仕掛けです。

高速増殖炉の利点はもう1つあります。それはウランの可採年数が延びることです。前節でウランの可採年数を170年といいましたが、これは通常型の原子炉でウラン235を燃やし続けた場合のことです。

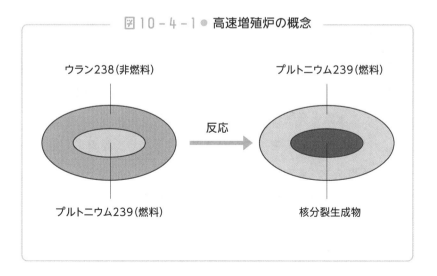

図10-4-1 ● 高速増殖炉の概念

ウラン238（非燃料）　　　　　プルトニウム239（燃料）

反応

プルトニウム239（燃料）　　　　核分裂生成物

高速増殖炉では希少なウラン235ではなく、大量にあるウラン238のほうを燃やします。ウラン235の存在比は0.7%、ウラン238のほうは99.3%です。ざっと140倍。そうすると、可採年数のほうもザックリ見積もっても170年の140倍、つまり、2万年はいけるだろうということになります。

● 高速増殖炉の問題点とプルサーマル計画

　資源小国の日本から見れば、夢のような高速増殖炉ですが、やはり問題点があります。それは通常の原子炉では冷却材に水を使っていましたが、高速増殖炉では水（水素の含有物）を用いることができない、ということです。

　先に見たように水素は減速材ですから、高速中性子はそれに衝突して低速になってしまいます。この方法でウラン238をプルトニウム239に変えられるとよいのですが、変えることはできません。

　では、水（水素）を含まない冷却材の候補としては何があるかというと、水銀（比重13.6）や鉛（11.3）も考えられますが、これらは比重が大きすぎて、原子力施設の強度が持ちません。

　結局、冷却材として用いられるのがナトリウム（比重0.97、融点98℃）です。しかし、**ナトリウムは反応性が非常に高く、水と反応すると水素を発生し、大爆発を起こします**。そのため、ナトリウム漏れが起こると大事故に繋がる可能性があり、設置・運転には慎重さが要求されます。

　現在、高速増殖炉の商業運転に成功しているのはロシアだけです。

　日本では高速増殖炉の実験炉として、「もんじゅ」（福井県敦賀市）

を使って研究していましたが、1995年にはナトリウム漏れ事故を起こし、復旧できないまま「もんじゅ」は2016年に廃炉となりました。以来、高速増殖炉計画は中断されています。

ところが、稼働中の通常型の原子炉ではプルトニウムが生産され続けています。プルトニウムは危険な放射性元素であり、長崎に投下された原子爆弾はプルトニウム239を用いたもの（広島型の原爆はウラン235）であったことからもわかるように、原子爆弾の原料になる危険なものです。

できることなら、大量の保管は避けたいところです。そこで、プルトニウムとウランを混ぜてMOX燃料（Mixed Oxide：ウラン・プルトニウム混合酸化物、モックス燃料）とし、通常型の原子炉の燃料として使ってしまいます。このような計画をプルサーマル計画といいます。

かんきょうとかがくの窓

トリウム原子炉

原子炉の燃料として使える物質は、ウランU（原子番号92）やプルトニウムPu（93）だけではありません。トリウムTh（90）も燃料になります。トリウムの同位体はほぼ100%が^{232}Thであり、これがそのまま燃料になりますから、ウランのような濃縮の手間がいりません。その上、地殻における存在量はウランの3倍です。原子炉の燃料として最適ですが、唯一の欠点（？）は原爆の原料のプルトニウムをつくらないことです。そのため、軍部に嫌われたのです。トリウム原子炉は、かつて実験炉として5年ほど稼働したことがあります。最近、インドや中国が研究しているといわれます。

「地上に太陽を」という 壮大なエネルギー物語

—— 核融合炉

核融合炉は、ここまで述べてきた原子力発電とは異なります。原子力発電は「核分裂」のエネルギーを利用するのに対し、核融合炉は「核融合」のエネルギーを活用しようというものです。いわば、地球の上に「小型太陽」を実現し、ゆっくりとそのエネルギーを取り出そうというものです。

● 核融合炉のしくみ

核融合炉に用いることのできる核融合反応はいろいろありますが、現在、**核融合で最も有力視されているのは重水素Dと三重水素Tを反応させるDT反応**です。この反応で生み出されるエネルギー量は、ウラン（同じ質量の場合）による核分裂反応の4～5倍、石油を燃やす場合に比べて8000万倍に達するといわれます。

核融合炉の原型も数種類研究されています。現在、成果を上げているのは日本などが開発したトカマク型といわれるものです。トカマク型では、原子から電子を取りはずして、原子核と電子の集合体であるプラズマとします。

その後、この原子核同士が衝突して核融合が始まり、核融合エネルギーが放出されます。しかしそのためにはプラズマが高温、高密

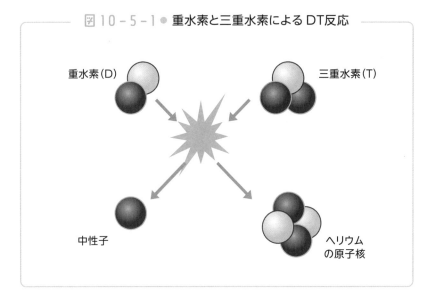

図10-5-1 ● 重水素と三重水素による DT反応

重水素(D)

三重水素(T)

中性子

ヘリウム
の原子核

度の状態を一定時間維持しなければなりません。

　その条件を臨界プラズマ条件といい、温度1億℃以上、密度100
兆個/cm³以上、持続時間1秒以上とされています。

● 核融合炉の現在

　努力の甲斐あって、この条件は2007年に達成されました。現在、
温度は1億2000万℃を達成しています。

　核融合炉は人工の太陽です。これが実用化すれば、人類はエネル
ギーの心配をすることは無くなるといわれます。しかし研究は半世
紀以上にもわたって懸命に行なわれ、一定の成果を上げているもの
の、実現はまだ見込まれていません。

第11章

3R 活動で循環型社会に
変えられるか

資源は無限にはないことを
忘れてはいけない
── 省資源型社会

　私たちは環境に依存して生活しています。生活するためには環境から資源をもらわなければなりません。しかし自然の資源は無限ではありません。使い続ければ、いつかは枯渇してしまいます。

　限りある資源を枯渇させないためには、賢明で上手な使い方が大切です。そのために提唱されているのが、Reduce（節約）、Reuse（再使用）、Recycle（再利用）の3Rです。節約はもう少し大きくいえば省資源ともいえます。

● 究極の３R社会

　3Rが隅々まで行き渡っていた社会といえば、江戸時代ではないでしょうか。この時代には「もったいない」という価値観が人々にしみわたり、すべての物が大切にされ、繰り返し使用されていました。衣服は破れたら継ぎを当て、最後には裂いて縒ってひも状にし、それを織ってまた布にしました。容器は棄てることをせず、使い回しをしました。現在そのようなことをしているのは、せいぜいビール瓶くらいではないでしょうか？

　すべての物質は資源として見られました。米を収穫した後の藁も重要な資源でした。編んで笠にし、レインコートの蓑や履物のワラ

218

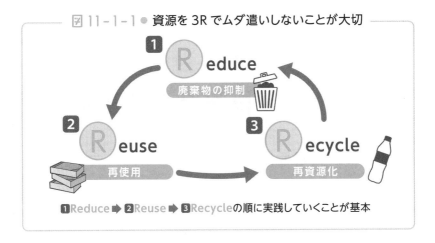

図 11-1-1 ● 資源を 3R でムダ遣いしないことが大切

1 **R**educe
廃棄物の抑制

2 **R**euse
再使用

3 **R**ecycle
再資源化

1Reduce ➡ **2**Reuse ➡ **3**Recycle の順に実践していくことが基本

ジなどとして利用しました。使い古した物は発酵させて、肥料にも
しました。

　現代社会でそこまでするのは無理ですが、それにしても私たちは
資源をムダ遣いしすぎているのではないでしょうか？　私たちは資
源のうち有効な部分だけを使い、他の部分は廃棄物として自然に戻
します。その結果、自然の形態は本来の姿から外れていきます。現
状をこのまま放置し続けた場合、自然はもとに戻ることができなく
なるでしょう。

　そのよい例が化石燃料の可採埋蔵量です。石炭が220年、石油・
天然ガスは60年ほどです。ウランだって170年ほどです。日本中
の無人販売機で使う電力は50万kWの原子力発電所の発電量に匹
敵するとの試算もあります。

　できるだけ資源を温存し、少ない資源を有効に生かそうというの
が省資源です。これは現代文明は資源の使い捨てに走りすぎた、と
いう反省の意味もあります。クールビズ運動などはその一環と見る
こともできるでしょう。資源のムダ遣いは避けなければなりません。

 再使用・再利用の取り組み

—— 循環型社会

近年、提唱されているのが「循環型社会」です。これは大切な資源を繰り返し使おうという運動です。循環方法としては、資源の再使用（リユース）、資源の再利用（リサイクル）があります。

● 資源を再使用するReuse

一度使った器具などをそのまま捨てるのではなく、もう一度使おうという考えです。再使用の良い例がビール瓶や一升瓶です。現在でも90%以上が回収され、再使用されています。なお、アルミ缶やスチール缶の回収率も80%以上を誇っていますが、これらはそのまま再使用されるのではなく、一旦融かして原料金属に戻してから、改めて金属として用いますから、厳密な意味でいうと、再使用Reuseではなく、再利用Recycleになります。

しかし現代社会で何かを行なおうとすると、意外な所でエネルギーを使うことになります。空になった容器を再使用するためには、容器を工場に搬送するための運搬機器が必要で、その燃料も必要になります。

さらに、食品容器の場合には衛生面での安全性が保障されなければなりません。すると、消毒のための人件費と消毒品が必要です。

そのようなことに費やされるエネルギー、費用を考えると、再使用が意味のある場合と、意味の無い場合に分かれてしまいます。

● マテリアル・リサイクル

一度用いた器具などを、原料の形に戻し、再加工して用いるもの

──── 図 11-2-1 ● 3Rの取り組みベスト10 ────

リデュース（1人1日あたりのゴミ排出量）取り組みの上位ベスト10 （単位：g/人日）

	人口10万人未満			人口10万人〜50万人			人口50万人以上	
1	長野県南牧村	305.7	1	東京都小金井市	605.3	1	東京都八王子市	764.6
2	長野県川上村	308.2	2	東京都日野市	639.5	2	愛媛県松山市	772.1
3	徳島県神山町	315	3	静岡県掛川市	645.7	3	神奈川県川崎市	816.2
4	長野県泰阜村	374.3	4	東京都立川市	655.9	4	埼玉県川口市	827.7
5	長野県中川村	386.1	5	東京都府中市	660	5	神奈川県横浜市	831.3
6	宮崎県高原町	386.4	6	東京都国分寺市	680	6	京都府京都市	837.7
7	長野県豊丘村	411.9	7	東京都西東京市	682.5	7	広島県広島市	850.3
8	長野県喬木村	414.7	8	東京都東村山市	683.1	8	神奈川県相模原市	865.1
9	長野県阿南町	425.5	9	静岡県藤枝市	690.1	9	埼玉県さいたま市	873.3
10	長野県平谷村	425.6	10	東京都三鷹市	691.3	10	千葉県船橋市	877.5

リサイクル（リサイクル率）取り組みの上位ベスト10 （%）

	人口10万人未満			人口10万人〜50万人			人口50万人以上	
1	北海道豊浦町	84.8	1	神奈川県鎌倉市	52	1	千葉県千葉市	33.4
2	鹿児島県大崎町	83.1	2	東京都小金井市	51.3	2	新潟県新潟市	26.3
3	徳島県上勝町	80.7	3	岡山県倉敷市	44	3	東京都八王子市	26.1
4	鹿児島県志布志市	72.7	4	埼玉県加須市	38.4	4	福岡県北九州市	25.9
5	北海道小平町	71.4	5	東京都国分寺市	37.9	5	愛知県名古屋市	24
6	長野県木島平村	68.9	6	東京都東村山市	36.3	6	神奈川県横浜市	23.5
7	福岡県大木町	65.4	7	愛知県小牧市	36.1	7	岡山県岡山市	23.3
8	北海道喜茂別町	64.7	8	東京都調布市	36	8	埼玉県川口市	22
9	北海道本別町	60.5	9	東京都立川市	35	9	北海道札幌市	21.8
10	北海道羅臼町	60.2	10	東京都西東京市	33.8	10	埼玉県さいたま市	20.9

エネルギー回収（ゴミ処理量あたりの発電電力量）取り組みの上位ベスト10施設

1	大阪府	東大阪市清掃施設組合	第五工場	768kWh/トン
2	埼玉県	東埼玉資源環境組合	第二工場ごみ処理施設	671kWh/トン
3	千葉県	船橋市	船橋市北部清掃工場	669kWh/トン
4	新潟県	上越市	上越市クリーンセンター	666kWh/トン
5	兵庫県	神戸市	港島クリーンセンター	664kWh/トン
6	大阪府	豊中市伊丹市グリーンランド	ゴミ焼却施設	619kWh/トン
7	東京都	東京二十三区清掃一部事務組合	杉並清掃工場	618kWh/トン
8	三重県	四日市市	四日市市クリーンセンター	606kWh/トン
9	東京都	東京二十三区清掃一部事務組合	練馬清掃工場	604kWh/トン
10	富山県	富山地区広域圏事務組合	富山地区広域圏クリーンセンター	594kWh/トン

出所：環境省　一般廃棄物処理実態調査結果（平成30年度調査結果）より作成

を再利用、つまりリサイクルといいます。リサイクルには使用済み品を再び原料として利用するマテリアルリサイクルと、使用済み品を燃料として燃やし、その熱エネルギーを利用するサーマルリサイクルがあります。

　回収したアルミ缶を融かし、いったんアルミ地金とし、それを加工してアルミサッシなどに利用するというのがマテリアルリサイクルです。

　プラスチックでもマテリアルリサイクルが可能です。たとえばPET（ポリエチレンテレフタレート）は、エチレングリコールとテレフタル酸を原料として合成されます。PETは繊維にして衣服に織ることも可能ですが、この場合には名前が変わってポリエステルと呼ばれます。

　ペットボトルを回収して加熱溶融すれば、原料のポリエチレンテレフタレートに戻ります。これを再成型すれば再びペットボトルにすることも、繊維として衣服にすることも可能です。

　問題はPET製品をこのように再利用することの価値判断です。ポリエチレンテレフタレートに戻して利用するためには、回収されたPETは純粋のPETでなければなりません。少しでも多種類のプラスチックが混ざっていれば、再生PET製品の品質が悪化します。

　このような費用と労力を投資するくらいならば、新しい原料を用いたほうが資源の節約になる可能性も出てきます。

●サーマルリサイクル

　可燃性の回収物はそのまま燃やし、その熱をエネルギーとして有効利用しようというのがサーマルリサイクルです。

物質を燃やすというと、物質は跡形も無く消えてしまうように思いますが、「熱力学第一法則（物質不滅の法則）」によって、そのようなことはないことがわかっています。物質は燃えたら酸化物に形を変えるだけで、決して消えてしまうわけではありません。

　特に酸化反応の場合には酸化エネルギーという、大量のエネルギーを発生してくれます。1950年代まで、家庭やお風呂屋さん（銭湯）では熱源として薪や建築廃材を用いていました。それが現在ではほとんどすべての熱源は石油か天然ガスに代わってしまいました。木製の建築廃材は不要のものとしてゴミ焼却場で燃やされてしまいます。プラスチックも同様です。

　この結果、ごみ焼却場では毎日大量の燃焼エネルギーが発生しているのですが、このエネルギーは廃エネルギーとして冷却水を通して環境に棄てられています。これは、かつては大切な物として使っていた熱エネルギーを邪魔者として棄てていることを意味します。エネルギー危機を心配しながら、他方では大切なエネルギーを棄てている。これでは神様も「そんな国にエネルギーを与えてやるのは止めにしよう」と思いたくもなるのではないでしょうか？

　プラスチックも廃材も大切な燃料です。燃料として燃やして、その結果発生した熱エネルギーは地域冷暖房に利用するとか、電気エネルギーに換えて各種機器の運転に用いればよいのです。

　現代科学は高温の熱エネルギーの使用には長けていますが、低温の熱エネルギーの扱いはうまいとはいえません。これからは50℃、60℃の低温熱エネルギーの有効利用を研究すべきでしょう。

個人、家庭、地域で小さい ことから着手する大切さ

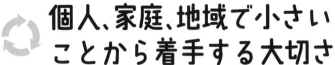

—— 市民活動から始める

　環境問題は多くの人々の関心を集め、市民個々人が参加した市民活動としても活発な広がりを見せています。

● 個人から変わっていくこと

　私たちの環境を守るために最も重要なのは、私たち個々人の意識の問題です。個々人ができることは小さいことですが、集まれば巨大な力になりえます。

　嫌煙権運動はそのようなものの1つと見ることができるでしょう。吸うのを1人やめ、2人やめ、と禁煙の輪が広がりました。禁煙は喫煙者の健康に繋がるだけでなく、空気の清浄化を通じて多くの人の健康に繋がる環境問題です。

　各人が自動車を使う回数を1割減らしただけで、化石燃料の可採埋蔵量は増え、二酸化炭素の排出量も減るのです。環境問題を解決する最後の鍵は私たち1人ひとりの意識にあるのです。

● 家庭単位での環境への配慮

　家庭は数人の集合体に過ぎませんが、社会を構成する基礎単位です。生体でいえば細胞のようなものです。ここでの意識の高低は、

社会全体の環境問題に大きな影響を与えます。

　家庭から排出されるゴミは、1日当たりにすれば少量ですが、1年間に換算すれば何十kgになります。1割減らしただけで、全国では膨大な量のゴミ節減に繋がるはずです。節電、上下水道の節水など、家庭単位で配慮すれば効果的な削減ができるでしょう。

● 地域での勉強会も有効

　地域の環境を整備するのは地域の力です。定期的に集まってゴミ拾いなどの環境活動を行なうのは、環境を整備すること以上に、その行動を通じて子どもたちに環境の大切さを教える意義があるでしょう。

　環境問題は行動も大切ですが、勉強をして意識を高めることも大切です。環境問題の本質がどこにあるのかは、勉強しないとわからない点が多々あります。識者を招いての講演会や、仲間内での勉強会は、地域でできる大切な環境運動の一環といえるでしょう。

かんきょうとかがくの窓

ゴミの分別

　何もしなくてもゴミは毎日溜まっていきます。野菜くずや食べ残しなどの生ごみ、プラスチックパック、ペットボトル、ダイレクトメール。ゴミとして出そうと思っても、生ごみとペットボトルは一緒にはできません。このような分別は自治体ごとに異なります。徳島県のある町では34種類に分類するといいますし、愛知県のある市でも26種類といいます。これではゴミを分別するのも頭の体操です。引っ越ししたら、新しいルールに慣れるのが大変でしょう。何とかせめて日常ゴミだけでも2〜3種類の分別で済まないものでしょうか？

国家レベルでの有効な環境対策も必要

—— 行政の働き

　環境問題は今や国家をあげて、さらに国家間で取り決めを結ばなければ実効ある対策を講じられないまでになりました。オゾンホール問題はこのようにして解決に向かっています。現在、最大の環境問題といってよい地球温暖化、酸性雨の問題にもこのような取り組みが必要になるでしょう。

● 国は法律整備から

　国家が対策を立てる場合には、法律の制定整備によることになります。限りある資源を有効に使うという趣旨のもとで、国は循環型社会形成推進基本法を制定しました。そしてその法律の精神を具体化するために以下のような関連法案が成立しました。

・**廃棄物処理法**：家庭や企業から出る各種廃棄物についてその償却、埋設、などについて定めた法律です。

・**資源有効利用促進法**：事業者による製品の省資源化、長寿命化を図ること、および製品の回収、リユースなどを定めた法律です。

・**各種リサイクル法**：事業者、消費者が一体となってリサイクルを促進するように定めた法律です。

● 環境税の創設

　環境問題を実効あるものにするためには、規制を加えることも必要になります。そのために講じられる手段の1つが環境税です。これは事業者が環境に負荷を掛けるものを使用するときには、余分の税金を徴収するというものです。

　このことによって、事業者は環境に負荷を掛ける物質を使わないように努力するようになりますし、行政側はその税金を用いて環境対策を行なうことができるようになります。

　現在のところ、課税対象になるのは化石燃料など二酸化炭素を排出するものですが、将来はもっと広範なものが加えられる可能性があります。いくつかの国の例を表にまとめました。

　日本でも2012年に「地球温暖化対策のための税」が成立しています。

図 11-4-1 ● 各国の環境税の例

国 名	名 称	導入年次	概 要
オランダ	一般燃料税	1988	各エネルギーについて、炭素含有量に応じた額を既存エネルギー税に上乗せ
デンマーク	CO_2税	1992	ガソリンを除き、ほぼ炭素含有量に応じた額を既存エネルギー税に上乗せ
ドイツ	環境税制改革	1999	石炭を除く各種の石油・天然ガス系燃料に対する既存の鉱油税を増税、電気税の新設
イギリス	気候変動税	2001	既存エネルギー税が課税されていないLPG、天然ガス、石炭、電力に課税

11-5

環境にやさしく、
さらに浄化する化学へ

―― グリーンケミストリー

　豊かな自然環境を表わす色、グリーンと、化学のケミストリーを組み合わせたものを**グリーンケミストリー**といいます。**環境にやさしい化学を意味する言葉**です。つまり、環境を汚さないだけでなく、汚れた環境を浄化する化学という意味です。

● 原料の吟味、触媒の利用

　化学反応には各種の原料を用いますが、中には有毒なものもあります。このようなものを用いると未反応分が残って使用者に害が出ることがあります。

　先に見たシックハウス症候群はプラスチックの原料に有害なホルムアルデヒド$HCHO$を用いたことによって起こったものでした。そのため現在では、アセトアルデヒドCH_3CHOなどできるだけ毒性の少ない原料を用いる試みが行なわれています。

　触媒は反応速度を上昇させるだけではありません。そもそも触媒無しでは起こらない反応もあります。つまり、うまい触媒を発見・開発すれば、それまで何段階もの反応を重ねなければ合成できなかった化合物が、たった1段階の反応で合成可能になることもありえます。

ガソリンエンジンを搭載した自動車の排ガスを浄化する三元触媒は、COの燃焼、NOxの分解、燃え残りの石油の完全燃焼という3つの反応を一挙に片付ける触媒です。

　しかし、白金などの貴金属を用いるため、今後低価格金属を用いた触媒の開発が待たれます。

● 超臨界状態の利用

　少し変わったものといえば、超臨界状態の利用があります。

　水を圧力218気圧以上、温度375℃以上にすると超臨界状態という特殊状態になります。この状態の水は液体と気体の中間のような性質を示し、**有機物をも溶かす**ようになります。

　このような水を用いて有機化学反応を行なうと、有機溶媒を用いないことから、**廃液の量が少なくなり、環境への負担が少なくなり**ます。また超臨界水を用いると有害物質のPCBが効率的に分解されることも明らかになっています。

　二酸化炭素は73気圧31℃という温和な条件で超臨界状態になることから、二酸化炭素の超臨界状態も同じような目的で使用されつつあります。二酸化炭素は気体ですから反応終了後、常温常圧に戻せば揮発して無くなります。つまり、反応溶媒を除去する手間とエネルギーが不要になるのです。

第**12**章

SDGsをどう進めるか

──後世にツケを回さないために

12-1
将来にツケを回さずに 持続可能な開発目標
──ＳＤＧｓとは

　SDGsという文字をよく新聞やニュースで見かけます。この SDGsとは何でしょうか?

　SDGsとは、Sustainable Development Goals、つまり、持続可能な開発目標の略で「エスディージーズ」と読みます。

　これは2015年の国連総会において採択されたもので、その名前の通り、活動のゴール（目標）を表わすものです。つまり、17個のグローバル目標と、それぞれのグローバル目標に10個ほどずつ、併せて169個のターゲット（達成基準）から成るものです。いわば開発のための全世界的な努力目標集のようなものです。

● SDGsが出てきた背景は何か

　この理念そのものは、1980年に国際自然保護連合（IUCN）、国連環境計画（UNEP）などがとりまとめた「世界保全戦略」にすでに提出されていたものです。

　また、日本の提案によって設けられた国際連合の下部組織「環境と開発に関する世界委員会（WCED）」が、1987年に発行した最終報告書『地球の未来を守るために』では、その中心的な理念として紹介されています。

WCED報告では、この理念は「将来の世代のニーズを満たす能力を損なうことなく、今日の世代のニーズを満たすような開発」と説明されています。わかりにくい訳文ですが、要するに、「将来につけを回すことなく、現代を潤す」ということです。

　その後、1992年の国連地球サミットでは、中心的な考え方として、「環境と開発に関する（リオデジャネイロ）宣言」や「アジェンダ21」に具体化されるなど、今日の地球環境問題に関する世界的な取り組みに大きな影響を与える理念となりました。

　日本でも1993年に制定された「環境基本法」において、第4条等に示されている「循環型社会」の考え方の基礎となっているものです。

● 持続可能な開発を維持するために

　1992年の地球サミットを受けて、2002年に開かれた地球環境問題に関する国際会議は、「持続可能な開発に関する世界首脳会議」と銘打たれました。

　世界の持続可能な開発を目指すということは、「先進国と開発途上国の双方で持続可能性を追求すること」です。

　先進国が開発途上国においてけぼりを食らわせたり、まして利用することがあってはいけません。一般に持続可能な開発を実現するためには、

①開発・貧困解消と環境保全のために政府開発援助は、どのようにあるべきか

②国境を越えた直接投資はどのようにあるべきか

③環境保全を理由とした貿易制限（関税、非関税障壁）はどのよう

にあるべきか

といった経済協力のあり方が重要な問題となります。

　持続可能な開発を維持するためには、さまざまな担い手の育成が
とりわけ重要となります。そのためには、国際機関、国家、地方
自治体と並んで、NGO、NPO等の非営利団体、さらには一般企業、
一般市民などの自助努力・参加が必要となります。

　このような準備期間を経て2015年9月25日の国連総会において、
向こう15年間の新たな開発の指針として「持続可能な開発のため
の2030アジェンダ」として169のターゲットが採択されました。

　このようにしてまとめられたSDGsは「17の目標と169のター
ゲット」からなるもので、複雑な社会的、経済的、環境的課題を幅
広くカバーしています。

●SDGsの達成状況・近況

　SDGs採択2年後の2017年、国際連合事務局は、「SDGsに掲げ
られている多くの分野の前進が、2030年までに達成できるペース
をはるかに下回っている」と発表しました。

　また2019年にも、SDGs進捗報告書を公表しました。首脳レベ
ルでのSDGs進捗状況は4年に1度の発表であるため、2015年に
採択されてから初の進捗報告だったので、各界から注目されました。
しかし、目標1から17までの各々の課題について、目標達成のペー
スには至っておらず、掲げている目標を達成するには、まだまだ課
題が山積みであることが明らかになっています。

12-2

どんな目標が
掲げられているのか？
—— ＳＤＧｓの17の目標

　「持続可能な開発」は、現在、環境保全についての基本的な共通理念として、国際的に広く認識されています。これは、**「環境」と「開発」を互いに反するもの**ではなく共存し得るものとしてとらえ、環境保全を考慮した、節度ある開発が可能であり重要であるという考えに立つものです。

　ＳＤＧｓとしてまとめられた17個のグローバル目標は以下の表にまとめた通りです。

　非常に単純でわかりやすいのですが、難をいえば、これ以上、解説のしようがないようなものばかりです。しかし、それはすなわち、このような問題で苦しんでいる立場の人たちの率直な声であるということの反映と考えるべきことなのでしょう。

①貧困をなくす
あらゆる場所のあらゆる形態の貧困を終わらせる

②飢餓をゼロに
飢餓を終わらせ、食料安全保障および栄養改善を実現し、持続可能な農業を促進する

③人々に保健と福祉を

あらゆる年齢のすべての人々の健康的な生活を確保し、福祉を促進する

④質の高い教育をみんなに

すべての人々への包摂的（ほうせつてき）かつ公正な質の高い教育を提供し、生涯学習の機会を促進する

⑤ジェンダー平等を実現しよう

ジェンダー平等を達成し、すべての女性および女児の能力強化を行なう

⑥安全な水とトイレを世界中に

すべての人々の水と衛生の利用可能性と持続可能な管理を確保する

⑦エネルギーをみんなに、そしてクリーンに

すべての人々の、安価かつ信頼できる持続可能な近代的エネルギーへのアクセスを確保する

⑧働きがいも経済成長も

包摂的かつ持続可能な経済成長およびすべての人々の完全かつ生産的な雇用と働きがいのある人間らしい雇用を促進する

⑨産業と技術革新の基盤をつくろう

強靭（レジリエント）なインフラ構築、包摂的かつ持続可能な産業化の促進およびイノベーションの推進を図る

⑩人や国の不平等をなくそう

各国内および各国間の不平等を是正する

⑪住み続けられるまちづくりを

包摂的で安全かつ強靭で持続可能な都市および人間居住を実現する

⑫つくる責任、使う責任

持続可能な生産消費形態を確保する

⑬気候変動に具体的な対策を

気候変動およびその影響を軽減するための緊急対策を講じる

⑭海の豊かさを守ろう

持続可能な開発のために海洋・海洋資源を保全し、持続可能な形で
利用する

⑮陸の豊かさも守ろう

陸域生態系の保護、回復、持続可能な利用の推進、持続可能な森林
の経営、砂漠化への対処、ならびに土地の劣化の阻止・回復および
生物多様性の損失を阻止する

⑯平和と公正をすべての人に

持続可能な開発のための平和で包摂的な社会を促進し、すべての
人々に司法へのアクセスを提供し、あらゆるレベルにおいて効果的
で説明責任のある包摂的な制度を構築する

⑰パートナーシップで目標を達成しよう

持続可能な開発のための実施手段を強化し、グローバル・パートナー
シップを活性化する

　ここに出てくる目標は、目標であると同時に、恵まれない環境に
置かれた人々の救いを求める声でもあるのでしょう。

　各目標の間に関連は必ずしもありません。

　⑤の「ジェンダー平等」と、⑥の「安全な水とトイレ」の関係を

詮索しても意味のない話です。これは法律ではないのです。現実に困っている人たちが声を上げたのです。それは子供会で子どもたちが1人ずつ立って自分の願いや希望をいっているのにも似ているかもしれません。それに対して先進・開発途上の区別なく、まして貧富の差別なく、すべての国がそれを解決しようと立ち上がったのです。そこに価値を求めるべきでしょう。

●日本の現状

　2020年に世界におけるSDGs達成度ランキングが発表されました。166か国中1～5位を占めたのはスウェーデン、デンマーク、フィンランド、フランス、ドイツであり、日本は17位でした。昨年は15位で、2017年の11位から下降傾向にあることが明らかです。日本の最大の課題としてあげられたのは、ジェンダー平等や気候変動、海洋・陸上の持続可能性、パートナーシップ。また経済格差や高齢者の貧困など格差是正への取り組みが後退していることです。

───── 図 12-2-1 ● 世界における SDGs 達成度ランキング ─────

1位	スウェーデン	11位	ベルギー	21位	カナダ
2位	デンマーク	12位	スロベニア	22位	スペイン
3位	フィンランド	13位	イギリス		・
4位	フランス	14位	アイルランド		・
5位	ドイツ	15位	スイス		・
6位	ノルウェー	16位	ニュージーランド	31位	アメリカ
7位	オーストリア	17位	日本		・
8位	チェコ共和国	18位	ベラルーシ		・
9位	オランダ	19位	クロアチア	48位	中国
10位	エストニア	20位	韓国		

12-3

必ず変えられると考え、
一歩一歩進めていく

── SDGsの169個の達成基準

　前節で見た17個の目標は、非常にわかりやすく、誰が見ても納得するものばかりです。この目標に異を唱える人は、かなりの批判を覚悟しなければならないでしょう。

　それでは、17の各目標に近づくためにはどうすればいいでしょうか。まず「①貧困をなくす」の「あらゆる場所のあらゆる形態の貧困を終わらせる」から解決していくことにしましょう。

　この目標は人類が物心ついた頃から、あるいは少なくとも奴隷制や帝国主義が消えた頃からいわれ続けてきたことです。今さらのように、このような目標をポンと出されて、さあ、努力しようといわれても、何をどのように努力したらよいのか、それこそ具体策を出していかないと進まない、ということになりかねません。

　そこで考え出されたのが「達成基準」です。それは遠大な理想を掲げた努力目標に向かって、2030年までに達成すべき基準です。日本でよくいう一里塚のようなものです。つまり各目標ごとにほぼ10個ずつ、総数169個になる基準です。

　これも非常にわかりやすい箇条書きです。しかし、169条もありますので、全部紹介していくわけにもいきません。そこで、各目標に付随した達成基準のうち、トップに上げられているものだけを

表にしてみます。

① 2030年までに、現在1日1.25ドル未満で生活する人々と定義されている極度の貧困をあらゆる場所で終わらせる。

② 2030年までに、飢餓を撲滅し、すべての人々、とくに貧困層および幼児を含む脆弱な立場にある人々が、一年中、安全かつ栄養のある食料を十分得られるようにする。

③ 2030年までに、世界の妊産婦の死亡率を出生10万人当たり70人未満に削減する。

④ 2030年までに、すべての子供が男女の区別なく、適切かつ効果的な学習成果をもたらす、無償かつ公正で質の高い初等教育および中等教育を修了できるようにする。

⑤ あらゆる場所におけるすべての女性および女児に対するあらゆる形態の差別を撤廃する。

⑥ 2030年までに、すべての人々の、安全で安価な飲料水の普遍的かつ平等なアクセスを達成する。

⑦ 2030年までに、安価かつ信頼できる現代的エネルギーサービスへの普遍的アクセスを確保する。

⑧ 各国の状況に応じて、1人当たり経済成長率を持続させる。とくに後発開発途上国は少なくとも年率7%の成長率を保つ。

⑨ すべての人々に安価で公平なアクセスに重点を置いた経済発展と人間の福祉を支援するために、地域・越境インフラを含む質の高い、信頼でき、持続可能かつ強靱（レジリエント）なインフラを開発する。

⑩2030年までに、各国の所得下位40%の所得成長率について、国内平均を上まわる数値を漸進的に達成し、持続させる。

⑪2030年までに、すべての人々の、適切、安全かつ安価な住宅および基本的サービスへのアクセスを確保し、スラムを改善する。

⑫開発途上国の開発状況や能力を勘案しつつ、持続可能な消費と生産に関する10年計画枠組み（10YFP）を実施し、先進国主導の下、すべての国々が対策を講じる。

⑬すべての国々において、気候関連災害や自然災害に対する強靱性（レジリエンス）および適応の能力を強化する。

⑭2025年までに、海洋ごみや富栄養化を含む、とくに陸上活動による汚染など、あらゆる種類の海洋汚染を防止し、大幅に削減する。

⑮2020年までに、国際協定の下での義務に則って、森林、湿地、山地および乾燥地をはじめとする陸域生態系と内陸淡水生態系およびそれらのサービスの保全、回復および持続可能な利用を確保する。

⑯あらゆる場所において、すべての形態の暴力および暴力に関連する死亡率を大幅に減少させる。

⑰課税および徴税能力の向上のため、開発途上国への国際的な支援なども通じて、国内資源の動員を強化する。

　いかがだったでしょうか。素晴らしい基準ですが、今後10年ほどの間に、これらがすべて達成されるかと考えると、難しいかもしれません。

　しかし、**必ず達成できると考えて努力して**いけば、変わっていくはずです。そこにこそ人類の未来があるのではないでしょうか。

12-4

道は険しくても、一歩一歩
できることから着手していく
── SDGsと環境問題

　ここまでに見てきたように、17個のグローバル目標に見る通り、SDGsの目標は多岐な方面に渡っています。当然、環境問題も主要な範囲になります。

　ここでは、最後にSDGsと環境問題の関わりについて見てみることにしましょう。

● SDGsの国際的な取り組み

　SDGsの17のゴールを見ると、⑥「水」、⑫「持続可能な生産・消費」、⑬「気候変動」、⑭「海洋」、⑮「生態系・森林」、等のゴールは、とくに環境との関わりが深くなっています。

　これは、SDGsの前身の1つであるMDGs（ミレニアム開発目標：Millennium Development Goals）では、8つあるゴールのうち、環境に直接関係するゴールが1つしか含まれなかったことと比較して、SDGsでは環境的側面が増加していることをよく表わしています。

　2016年5月に開催されたG7富山環境大臣会合では、持続可能な開発のための2030アジェンダが主要な議題として扱われました。

そこでは、持続可能な開発（SDGs）を中核とする2030アジェンダの実施を、すべてのレベルで促進していくという強い決意が表明されました。

　また、G7メンバーが協調してSDGsの環境的側面の実施に向けた行動（以下、G7協調行動）をとることの重要性が改めて合意され、環境問題の解決に向け実務者レベルでG7としての協調行動を立案していくことで一致しました。

　本会合を受けて、G7各国が連携し、企業や自治体の先進事例を紹介するワークショップを開催し、G7協調行動の活動をわかりやすく紹介するとともに、プロジェクト実施に向けて情報の集積と交換を図ることとなりました。

● 日本はどう取り組んでいるか？

　以上の背景を踏まえ、環境省では、G7協調行動を推進するためにG7各国と連携・調整を行ない、企業・自治体・政府等によるSDGsの達成に資する先進的な取り組みを共有し、ならびに情報発信を実施するワークショップを開催することにしました。

　そして2016年5月20日には総理大臣を本部長、すべての国務大臣をメンバーにして、第1回「持続可能な開発目標（SDGs）推進本部会合」が開催されました。この会はそれ以降も毎年2回、同じメンバーで開催されていて、その中で日本におけるSDGsに関わることが決定されています。

　これらの取り組みが実効を持って行なわれていけば、きっと2030年には世界の環境は現在より浄化された、人間にもすべての生物にとってもやさしいものになっていることでしょう。

● 企業はどう活動していけばよいのか

　SDGsは国家や政府に期待するだけでなく、企業活動にも大きな期待を寄せています。

　SDGsが採択される以前にも、世界各国が共同して取り組むべき国際目標として「ミレニアム開発目標（MDGs）」というものがあった、と述べました。MDGsは2015年を達成期限としていましたが、この期限が終了したことによって発展的に解消し、代わりに新たな国際目標として定められたのがSDGsだったのです。

　SDGsとMDGsには大きな違いがあります。それはMDGsが各国政府の努力を念頭に置いていたのに対し、SDGsでは政府だけでなく、企業やNPO/NGOといった民間セクターも含め、文字通り**世界のすべての人たちが課題解決に主体的に取り組むことを求めている**ということです。

　企業の多くはこれまでにも、「CSR（企業の社会的責任）」の見地から社会貢献活動を行なってきました。しかし**従来のCSRは、金融機関が植林活動を行なうなど、本業と直接関係のない活動が主**になっていたようです。

　これに対して、**SDGsは各企業がそれぞれの本業を通じて目標達成に取り組むこと**が重要であると示唆しています。それによってどの企業も参加しやすく、かつ地に足のついた活動ができるようになっています。たとえば食品ロスを少なくするため、備蓄品管理を

整備することもSDGsの活動の一環ということもできるでしょう。不要となった備蓄品を必要としている団体に寄付すれば、SDGsの目標達成につながります。

　SDGsは遠大な目標ですが、それを達成するのは必ずしも壮大な計画である必要はないのです。足元を見つめて、できることから一歩一歩始めていく。その繰り返しが社会を、世界を、地球環境を変えていくということなのではないでしょうか。

●日本企業の具体的取り組みの例

　日本企業も意欲的にSDGsに参加しています。どんなものなのか少しだけ例を見ておきましょう。

- パート社員の正社員登用。障害を持つ従業員の特例子会社での雇用
- 食品の廃棄ロスのリサイクル率を50%以上とする
- 物流で使用するトラックの台数や空車状態で走行する距離・時間の削減
- 「緑の募金」「WFP募金」「エンゼル募金」の3つの募金を実施
- コーヒー豆かすで牛の乳酸発酵飼料や堆肥をつくる
- ミルクパックをリサイクルし、ペーパーナプキンをつくる
- 地域の食材と加工技術を使った製品を地元の職人と共につくる
- 災害支援を通じて従業員と地元住民をつなぐ
- 着なくなった子ども服を、難民の方々などに届ける

　これらの例のように、目的意識を持って細かい心配りで日常の企業活動を見直せば、まだまだ活動の余地は残っているようです。

著者紹介

齋藤 勝裕（さいとう・かつひろ）

1945年5月3日生まれ。1974年、東北大学大学院理学研究科博士課程修了、現在は名古屋工業大学名誉教授。理学博士。専門分野は有機化学、物理化学、光化学、超分子化学。主な著書として、「絶対わかる化学シリーズ」全18冊（講談社）、「わかる化学シリーズ」全16冊（東京化学同人）、「わかる×わかった！化学シリーズ」全14冊（オーム社）、『マンガでわかる有機化学』『毒の科学』『料理の科学』（以上、SBクリエイティブ）、『「発酵」のことが一冊でまるごとわかる』『「食品の科学」が一冊でまるごとわかる』『「物理・化学」の単位・記号がまとめてわかる事典』『「原子力」のことが一冊でまるごとわかる』（以上、ベレ出版）など。

● ── ブックデザイン・DTP 三枝 未央
● ── 編集協力 編集工房シラクサ（畑中 隆）

「環境の科学」が一冊でまるごとわかる

| 2020年11月25日 | 初版発行 |
| 2023年12月31日 | 第3刷発行 |

著者	齋藤 勝裕
発行者	内田 真介
発行・発売	ベレ出版
	〒162-0832 東京都新宿区岩戸町12 レベッカビル
	TEL.03-5225-4790 FAX.03-5225-4795
	ホームページ https://www.beret.co.jp/
印刷	モリモト印刷株式会社
製本	根本製本株式会社

ISBN 978-4-86064-636-3 C0043　　　　　　　　編集担当　坂東一郎